国家科技图书文献中心专项资助

本征柔性电子学领域发展态势报告

Intrinsically Flexible Electronics Research and
Development Report

本征柔性电子学领域发展态势研究组　编著

化学工业出版社

·北京·

内容简介

本书面向香山科学会议专家需求，利用文献计量学的方法和情报分析工具，在本征柔性电子学领域专家对数据集精准判读、筛选和分类的基础上，对本征柔性电子学材料和器件的国际战略布局、技术市场前景、研究领域发展态势、专利技术研发态势，以及重点企业发展布局等方面进行综合和客观分析，旨在从国际技术研发情报视角，为我国本征柔性电子学材料和器件研发提供可借鉴的参考依据。

本书适合本征柔性电子学领域的管理决策者、材料和器件研发机构的科研人员、相关产业和企业技术研发人员阅读，也适合高等学校相关专业的师生参考。

图书在版编目（CIP）数据

本征柔性电子学领域发展态势报告 ／ 本征柔性电子学领域发展态势研究组编著． -- 北京 ： 化学工业出版社，2024. 11. -- ISBN 978-7-122-46425-5

Ⅰ．TN01

中国国家版本馆CIP数据核字第2024LN9664号

责任编辑：左晨燕
责任校对：边　涛
装帧设计：刘丽华

出版发行：化学工业出版社
　　　　　（北京市东城区青年湖南街 13 号　邮政编码 100011）
印　　装：北京建宏印刷有限公司
787mm×1092mm　1/16　印张 15½　字数 256 千字
2024 年 11 月北京第 1 版第 1 次印刷

购书咨询：010-64518888　　　　　售后服务：010-64518899
网　　址：http://www.cip.com.cn
凡购买本书，如有缺损质量问题，本社销售中心负责调换。

定　　价：228.00元

编委会

《本征柔性电子学领域发展态势报告》编委会

主　　编：刘云圻　刘细文

副 主 编：郭云龙　吴　鸣　鲁　瑛

编委会成员（按姓氏笔画排序）：

　　　　赵志远　顾　方　靳　茜

本征柔性电子学领域发展态势研究组

研究组组长：郭云龙　吴　鸣

研究组副组长：鲁　瑛　靳　茜

研究组成员（按姓氏笔画排序）：

　　　　于　宸　石立杰　李泽路　肖甲宏

　　　　赵志远　顾　方

序

　　柔性电子材料与器件是近年来涌现的一项变革性技术，该技术通过将电子材料与器件沉积在柔性塑料或薄金属基板上，使得传统电子材料与器件具备了全新的特性，如可印刷、可折叠、可拉伸等。这些特性推动了柔性显示与照明、光伏储能、传感探测、逻辑存储、健康医疗、航空航天可穿戴设备、人工智能及物联网等方向的迅速发展，并广泛应用于能源、军工、信息多个领域。柔性电子材料与器件的研究是一个典型的前沿交叉学科，涵盖近年来快速发展的分子电子学、有机电子学、塑料电子学、生物电子学、纳米电子学、印刷电子学等新领域，涉及化学、物理、材料、生物、半导体、微电子、机械等多个基础学科协同研究。

　　本征柔性电子不同于传统的柔性电子，主要依靠材料本身的柔性，而不是通过物理柔性（减薄技术）和结构柔性（铰链技术）实现的，核心是本征柔性材料，源自化学键旋转、构象互变、分子链延展／滑移和动态键的形成，具有较大的弹性形变能力和较小的曲率半径，同时具有较好的可拉伸特性以及跨尺度模量适应能力。本征柔性材料是新一代功能材料体系，具有结构与功能可调、可溶液法大面积加工、质轻、超柔等特性，是跨学科、跨领域的科技前沿，在能源、生命健康和信息三大主题领域发挥着不可或缺的重要作用。在能源领域，有机太阳能电池、锂离子电池和热电材料的性能急速突破，即将催生新一代绿色能源，为实现双碳目标奠定基础；在生命健康领域，快速迭代的智能传感器即将在智能仿生、可穿戴与可植入健康监测等领域产生变革式影响，为生命健康、精准医疗与远程医疗提供机遇；在信息领域，本征柔性材料孕育了万亿规模的有机电致发光市场，催生了有机场效应晶体管形成高柔性驱动背板和超敏光探测等新兴产业。总体而言，本征柔性材料正在推动绿色能源、智能仿生、脑机接口、远程诊疗、航空航天、深海探测、柔性显示等若干领域的重大突破，撬动规模庞大的战略性新兴产业链，满足国家未来的重大战略需求。

本征柔性电子是国际学术和工业界研究的热点，国内外至今尚没有较为系统地阐述本征柔性材料与器件的相关著作。本书特别突出了本征柔性材料与器件的颠覆性、前瞻性、前沿性特点，对本征柔性电子学材料和器件的国际战略布局、技术市场前景、研究领域发展态势、专利技术研发态势，以及重点企业发展布局进行综合和客观分析，旨在从国际技术研发情报视角，为我国本征柔性电子学材料和器件研发提供可借鉴的参考依据。

作为我国本征柔性电子学领域发展态势的首部著作，我希望并相信该书的出版对于我国本征柔性电子制造这一新兴学科及技术的发展将产生积极的推动作用。

刘玉坤

2024 年 6 月

前言

本征柔性电子学是极具科学前瞻性和系统布局价值的研究领域。近年来，本征柔性电子学取得了快速发展，但总体仍然处于发展初期，是概念初现的新兴领域，开始步入材料理性创制、多功能器件精准设计和集成电路高柔性化加速融合的新阶段。

本征柔性电子元器件涉及多类半导体、绝缘体、导电功能材料、适配加工工艺等。尽管不同体系的设计准则、工作机制、调控原理与器件功能不尽相同，但是本征柔性材料与器件仍存在诸多共性挑战，包括：

① 本征柔性电子材料：提高材料性能，调控分子实现多功能，明晰材料性能与分子结构之间的关系，材料在应变下的基本电子过程等。

② 本征柔性电子元器件：构筑高性能器件，改善应变后的界面滑移和层内微结构变化，提高器件应变耐久性，多功能集成的结构设计。

③ 本征柔性电子加工技术：调控墨水性质，发展高效率的大面积加工技术；发展适配的高精度、无损图案化技术；实现复杂电路的工艺整合；发展封装技术。

④ 本征柔性电路系统：实现微米级分辨率，复杂生物信号探测与模拟，与外围控制电路的一体集成，多功能集成与大面积制备，稳定性与批量制备。

本征柔性电子学涉及领域广，亟须建立从材料设计合成到物理器件再到集成电路的链条式研究体系，重点解决高性能、多功能和本征柔性力学性能调控的矛盾，实现本征柔性材料合成化学、材料力学、器件物理、半导体与微电子技术等多学科的交叉融合。本征柔性电子学将改变传统电子系统的物理形态，为经典电子学的发展提供了新的方向，促发了新形态电子设备的构建，必将在人工智能、生物电子、物联网、智能医疗等领域产生巨大影响。

针对以上特点，本书分为 5 章对本征柔性电子学材料和器件的发展近况及发展态势进行综合和客观分析。第 1 章分析了欧洲、美国、韩国和日本在柔性电子领域相关的重大研究计划和研发布局，为我国本征柔性电子领域政策制定者和研发人员提供可借鉴的参考依据。第 2 章从功能性材料、基于其制造的各类本征柔性电子器件、本征柔性电子在各行业的应用概述市场前景。第 3 章分析了本征柔性电子领域材料和器件的核心论文数据，为我国本征柔性电子领域研究者提供可借鉴的参考依据。第 4 章对全球柔性有机聚合物电子材料和器件的专利申请概况进行了分析，折射出产业层面本征柔性电子技术研发总体态势。第 5 章对柔性电子重点企业韩国三星和英国 FlexEnable 的发展布局进行了分析。考虑到本征柔性电子是国际学术和工业界重点关注的新型前沿交叉学科，本书又是主要聚焦全球领域的前沿态势，为了更好地满足相关领域专业人员的阅读习惯，本书在部分图表中保留了英文的关键词和论文标题，从国际和客观的视角，帮助读者更加准确地把握本征柔性电子学材料和器件的国际战略布局、技术市场前景、研究领域发展态势、专利技术研发态势，以及重点企业发展布局。

本书的撰写工作得到了国家科技图书文献中心（NSTL）领导和香山科学会议办公室的大力支持，在此表示诚挚的感谢！刘细文、吴鸣、鲁瑛和靳茜负责本书总体策划、组织和统稿。NSTL 成员单位中国科学院文献情报中心和中国化工信息中心的吴鸣、鲁瑛、顾方、肖甲宏、于宸、石立杰、李泽路利用文献计量学的方法和情报分析工具，完成本书的撰写。中国科学院化学研究所刘云圻院士、郭云龙研究员、赵志远副研究员为本书的需求调研、内容及主题分类提供了宝贵建议和指导，李骁骏、刘凯、刘彦伟、史文康、王成彧、文巍、张卿菘、邵明超、魏晓芳、刘国才、陈金佯、张帆、朱志恒、匡俊华、李一帆、秦铭聪、朱明亮、潘志超、方苑丁、高文强、孟瑞芳、边洋爽、马超凡、杨昭、曹嫣嫣、邵志昊、张文庆提供了数据集精准的判读和筛选。在此对上述参与本书撰写的全体人员一并表示衷心感谢！

本征柔性电子学领域涉及基础研究、研发应用和产业化融合协同一系列关键科学与技术复杂问题，鉴于数据信息采集范围限制，以及信息分析能力等所限，书中难免存在不足之处，敬请相关领域专家和读者批评指正。

2024 年 6 月

目录

第 5 章

柔性电子重点
企业发展布局

204

参考文献

235

数据来源与分析工具说明

1. 技术分解

基于本征柔性电子学领域专家本征柔性电子学科学研究和技术研发情报调研需求，以及提供的材料和器件两方面的细分子领域关键词，结合科技文献和行业现状调研，形成了包含本征柔性电子学领域的材料和器件主要子领域检索要素的技术分解表，作为数据检索的基础。

本征柔性电子材料和器件技术分解表（主要的关键词及要素）

一级技术 （英文关键词）	二级技术 （英文关键词）	三级技术 （英文关键词）
柔性 / 本征柔性功能材料与电子器件 Flexible/Intrinsically Flexible Functional Materials and Electronic Devices	柔性电极材料 Flexible/Stretchable Electrode	➤ 导电聚合物 PEDOT and PANI PEDOT:PSS ➤ 金属液体 Metal Liquid ➤ 离子导体 Ionic Conductor ➤ 混合电极 AgNW/CNT GO/AgNW AgNW/PEDOT:PSS AgNW/rGO AgNW/rGO rGO/CNT/AgNW GO/ITO GO/ZnO SWCNT/PEDOT:PSS
	柔性介电和衬底材料 Flexible/ Stretchable Dielectric Layer/Substrate	➤ 弹性体 Elastomer ➤ 离子凝胶 Ion Gel ➤ 功能聚合物 Functional Polymer Materials

一级技术 （英文关键词）	二级技术 （英文关键词）	三级技术 （英文关键词）
柔性／本征柔性功能材料与电子器件 Flexible/Intrinsically Flexible Functional Materials and Electronic Devices	柔性聚合物半导体材料 Flexible/ Stretchable Polymer Semiconductors	➤ 聚合物半导体 　Polymer Semiconductors 杂化聚合物半导体 　Hybrid Polymer Semiconductor ➤ 共轭聚合物 　Conjugated Polymer ➤ 发光聚合物 　Electroluminescent Polymers ➤ 有机半导体 　Organic Semiconductor
	柔性聚合物半导体晶体管 Flexible/ Stretchable Polymer Semiconductors Transistors	➤ 有机薄膜晶体管 OTFT ➤ 有机场效应晶体管 OFET ➤ 有机光晶体管 ➤ OPT
	柔性聚合物半导体显示和发光器件 Flexible/ Stretchable Polymer Semiconductors Displays/ Light-Emitting Devices	➤ 电子墨水显示器 　Electronic Ink Displays ➤ 有源有机发光二极管显示器 　AMOLED ➤ 聚合物发光二极管 Is-PLED ➤ 有机发光电化学池 Is-OLEC ➤ 交流电致发光 　Is-ACEL
	柔性聚合物半导体太阳能电池 Flexible/ Stretchable Polymer Semiconductors Solar Cells/Photovoltaics	➤ 聚合物太阳能电池 　Polymer Solar Cells ➤ 聚合物基有机太阳能电池 　Polymer-Based Organic Solar Cells ➤ 有机阵列光伏 　Organic Tandem Photovoltaic
	柔性聚合物半导体电子皮肤和生物传感器 Flexible/ Stretchable Electronic Skin And Biosensores	➤ 电子皮肤 　Electronic Skin ➤ 健康监测 　Healthcare Monitor ➤ 生物传感器 　Biological Sensor ➤ 可植入传感器 　Implantable Sensor ➤ 触觉感知 　Tacitile Perception

一级技术 （英文关键词）	二级技术 （英文关键词）	三级技术 （英文关键词）
柔性/本征柔性功能材料与电子器件 Flexible/Intrinsically Flexible Functional Materials and Electronic Devices	柔性聚合物半导体电子皮肤和生物传感器 Flexible/ Stretchable Electronic Skin And Biosensores	➢ 突触 Synapse ➢ 神经界面 Neural Interfaces
	柔性聚合物半导体电路 Flexible/ Stretchable Circuits	➢ 集成电路 Integrated Circuits ➢ 驱动电路 Driving Circuits

2. 数据来源

科睿唯安的 Web of Science 是全球获取学术信息的重要数据库，基于严格的选刊标准和客观的计量方法，收录全球各学科领域最具权威性和影响力的学术期刊，建立了世界上影响力最大、最权威的引文索引数据库。

报告采用 Web of Science™ 核心合集之 Science Citation Index Expanded（SCEI，1900 至今）和 Derwent Innovations Index（DII，1963 至今），作为核心期刊论文和专利文献检索数据源。

基于本征柔性电子材料和器件技术分解表，结合领域全球文献和技术现状调研，通过本征柔性电子学领域的材料和器件细分子领域的关键词及其同义词初步检索，扩充相关同义词，构建检索策略。SCIE 数据库中的论文检索结果，邀请子领域专家逐条判读，去除不相关的干扰噪声，构建精准文献分析数据集。

专利选择国际专利分类号中隶属的主要分类代码"半导体及固体器件（H01L 类）- 聚合物材料（H01L-051*）"，结合 Derwent 手工代码（Derwent manual code），与专家判读的论文检索策略进行组合检索，保证数据的全面性和准确性。

柔性电子领域国际战略布局数据源于欧洲、美国、韩国和日本政府部门和重要机构官方网站。

柔性电子学行业技术市场数据来源于中国化工信息中心订购和整理资源，领先企业发展历程和产品信息来源于企业官网。

3. 情报分析工具

采用科睿唯安 Derwent Data Analyzer（DDA）、荷兰莱顿大学的 VOSviewer

知识图谱可视化软件，以及 Excel 进行论文和专利数据处理、分析和制作可视化图。

采用开源 logletlab 工具中的 logistic growth 模型算法，拟合出企业专利产品技术生命周期。

采用科思特尔的 Orbit 专利信息检索与分析数据库，分析三家关注企业专利申请和布局，报告中涉及的专利技术聚类地图和专利法律状态均来自 Orbit。

4. 相关说明和约定

Derwent 手工代码由 Derwent 数据库的主题专家对专利文献的文摘和全文进行标引，重点编译某项发明的技术创新点及其应用能有效将检索结果限定在相关学科领域。

同族专利指同一项发明创造在多个国家 / 地区申请专利而产生的一组内容相同或基本相同的专利文献。从技术角度来看，属于同一专利族的多件专利申请视为同一项技术，专利家族数量单位是项，可能对应一件或多件专利申请。

本征柔性电子材料和器件论文和专利数据集检索时间为 2022 年 10 月，论文和专利检索尚不满整年，相关数据尚不完整；考虑到数据录入数据库时间，以及专利一般从申请到公开原则上需要长达 18 个月以上（18 个月公开期限 +12 个月优先权期限），图示显示论文 2022 年数量下降，专利 2020、2021—2022 年数量下降，原则上不纳入趋势。

根据专家意见和建议，除了聚合物半导体晶体管论文和专利的主要数据分析时间跨度为 1986—2022 年（截止到 10 月），其他本征柔性电子材料和器件论文和专利的主要数据分析时间跨度均为 2012—2022 年（截止到 10 月）。

基于截止检索时间，在指定数据来源进行论文和专利检索，利用文献计量方法和情报分析工具，在本征柔性电子学领域专家对数据集判读、筛选和分类的基础上，从客观视角对数据进行定量分析。

第 1 章

柔性电子领域国际
战略布局

柔性电子材料与器件是近年来涌现的一项变革性技术，该技术通过将电子材料与器件沉积在柔性基板上，使得传统电子材料与器件具备了全新的特性，如可印刷、可折叠、可拉伸等。这些特性大大推动了柔性显示与照明、传感探测、光伏储能、逻辑存储、电子电路、健康医疗、航空航天、可穿戴设备、如国防安全、人工智能及物联网等方向的迅速发展，并广泛应用于能源、军工、信息多个领域。柔性电子材料与器件的研究是一个典型的前沿交叉学科，涵盖近年来快速发展的分子电子学、有机电子学、塑料电子学、生物电子学、纳米电子学、印刷电子学等新领域，涉及化学、物理、材料、生物、半导体、微电子、机械等多个基础学科协同研究。

柔性电子技术在本世纪初兴起，由于其所显示的特殊优点、发展潜力和市场前景，欧美日韩等发达国家及地区纷纷制定针对柔性电子的重大研究计划，投入大量资金与人力，设立研究中心/机构和技术联盟，重点支持柔性电子材料和器件方面的基础研究和产业发展，以拓展该新兴前沿技术在通信、能源、信息显示与照明、智能电子标签、生物电子和传感器等领域的应用。

本章通过欧美日韩政府部门和重要机构官网的调研，旨在从客观数据视角，分析欧洲、美国、韩国和日本在柔性电子领域相关的重大研究计划和研发布局，为我国本征柔性电子领域政策制定者和研发人员提供可借鉴的参考依据。

1.1
欧洲

欧洲是较早开始从事柔性电子技术研究和产业化的地区，也是目前最活跃的区域。在组织项目时，特别强调相关大学、科研单位和生产企业的协同攻关，参加攻关的成员涉及欧盟各成员国；特别强调开发新器件与新材料、新工艺、新设备的上下游链接；特别强调项目攻关要建立相应的示范性试验生产线，要为从实验室走向工厂创造条件，使欧洲柔性电子产业在全球竞争中处于领先地位。

1.1.1 欧洲柔性电子资助计划

早在 2003 年，光学材料与光电材料、有机电子学与光电学被列入欧盟着力推进发展的十大材料领域中。

在 2007—2020 年期间[1]，超过 3 亿欧元的公共资金用于柔性和印刷电子产品的研究和创新，涵盖了广泛的设备、系统和工艺以及制造。例如欧盟第七框架计划资助 PolyApply 综合项目[2]，目标是扩大有机电子学领域公司和研究机构的联系，为了扩展聚合物电子学在智能环境中的应用，以及为无处不在的通信技术奠定基础。欧盟研究理事会、Horizon 2020 重点支持有机生物电子学、OLEDSOLAR、SmartEEs[3]、有机电子学（柔性 OTFTs、OPV、OLED、材料加工技术），柔性可穿戴电子（①提高制造能力：改进用于制造多功能组件的有机和印刷电子及大面积沉积技术、面向大规模制造与大规模定制和表征的设备与工艺。②集成技术：开发传感器、能量和数据存储元件、逻辑器件、显示器、光源集成的新概念以及新型互联技术。③器件示范：面向特定应用的柔性和可穿戴电子器件的原型验证。）等研究项目，用于柔性电子产品的研发和创新，提高欧洲柔性电子产品创新生态系统的效率和有效性。

2019 年，欧盟委员会发布了前瞻性研究报告《面向未来的 100 项突破式创新》，评选出了影响未来全球价值创造和解决社会需求的 100 项创新技术和实践。并根据其对欧洲未来发展的影响、目前的成熟度以及发展现状提出政策建议，其中柔性电子被列为欧洲较具优势但尚未实现引领的技术。

2021 年，欧盟委员会设立了工业先进技术（ATI）项目，柔性和印刷电子产品被列入支持的 15 种有前途的工业先进技术。在 ATI 项目发布的柔性和印刷电子产品观察报告中，绘制了欧盟柔性和印刷电子行业的价值链，及其在价值链中的优势和劣势。

柔性印刷电子价值链的独特之处主要体现在：依赖不同的材料、不同的生产工艺流程和不同的供应商，服务于不同的用户，包括研究和技术开发、材料供应、设计、印刷、设备制造，以及合作的元件制造、产品集成公司和终端应用客户等，见图 1-1。

欧洲柔性印刷电子领域的优势在于拥有强大的研发能力、专业技能、中低规模的制造业、装备制造和市场合作网络。机会在于高质量差异化、健康医疗应用增长、环境监测传感器、有机大面积电子（OLAE）和智能产品等领域应用。面临的挑战是产量成本、企业适应性、商业化、低准入壁垒、战略自主权和特定应用领域法规等，见图 1-2。

2022 年，欧洲技术平台（ETP）、能源材料工业计划（EMIRI）和《材料2030 宣言》联合发布《材料 2030 路线图》[4]草案，分析了 9 个创新市场中

柔性印刷电子

图 1-1　柔性印刷电子价值链

图 1-2　欧洲柔性印刷电子 SOCR

各种先进材料相关的优先领域。柔性电子分别出现在：①健康和医药市场材料优先领域——用于生物医学领域可穿戴设备、柔性电子设备、新型传感器；②可持续织物市场材料优先领域——智能穿戴设备；③电子应用市场材料优先领域——可持续舒适的柔性电子产品、柔性和可伸缩智能传感器。

1.1.2　重要研发中心和企业

在柔性印刷电子产品的研究和开发方面，欧洲具有很强的地位，得益于高校和高质量应用研究中心和创新网络的发展，见表 1-1。

表 1-1　欧洲柔性印刷电子重要研发中心

机构	国家	主要研究领域及产品
VTT	芬兰	VTT 是芬兰国有研究机构，主要从事促进研究和技术在商业和社会中的应用和商业化，活跃于柔性和印刷电子领域，包括生产工艺和创新产品（如可穿戴设备）
TNO	荷兰	TNO 是荷兰专注于应用科学的独立研究机构。在柔性和大面积电子领域，TNO 通过 Holst Centre 和 Solliance 为柔性电子和光伏领域提供研发服务
IMEC	比利时	IMEC 是比利时非盈利研发机构，专注于超前的半导体行业微电子研究，是世界领先的纳米电子和数字技术领域研发和创新中心。与全球半导体产业界领先企业合作，开发纳米技术、有机电子学、生物电子学和太阳能电池等电子产品，包括柔性电子产品
Holst Centre	比利时 / 荷兰	Holst Centre 是独立的研究和创新中心，由 TNO 和 Imec 联合运营。致力于无线传感器技术和柔性电子技术的学术研究创新转化为工业应用和太阳能应用，以开发样品和原型被合作公司转化为新产品和新制造工艺的能力而闻名
Helmholtz Zentrum	德国	Helmholtz Zentrum 是最大的非大学研究中心之一。主要开展多应用领域的材料科学研究，参与印刷电子和柔性电子相关项目，例如基于纳米线的柔性透明电极等
CEA-LETI	法国	CEA-LETI 是法国原子能和替代能源委员会的技术研究所，致力于微纳米技术的功能化和柔性电子设备研发和应用，提供医疗保健、能源、运输和信息通信等重要技术的创新应用和解决方案
Eurecat	西班牙	Eurecat 是西班牙重要的前沿科学和工业技术中心。专注为工业和商业提供功能性、柔性和智能电子印刷材料、技术和设备的专业知识和创新解决方案，推动和增强产业研发和市场应用的竞争优势
Institute for Microelectronics and Microsystems (IMM)	意大利	IMM 是意大利国家研究委员会下属的多学科研究中心，致力于微电子材料和设备的研究。在柔性和大面积电子学领域，将石墨烯和石墨烯基材料用于柔性电子学和可穿戴传感应用

目前，欧洲各国参与到柔性印刷电子产品的研发和生产的公司，是全球重要的技术提供者，包括材料供应、元器件设计和制造公司等，见表 1-2 和表 1-3。

CHAPTER1

第1章
柔性电子领域国际战略布局

009

表 1-2　欧洲重要材料供应公司

公司	国家	主要研发技术及产品
BASF	德国	BASF 是全球化学、化工和材料等行业的领先、可持续集团企业，在显示、光伏、照明、通信、消费电子和智能可穿戴设备等多个产业，提供材料和技术的创新产品和解决方案
Evonik	德国	Evonik 是跨国化工企业，Evonik 的"纳米电子科学与商业中心"为 RFID 标签和柔性显示器等领域，提供柔性纳米和有机材料以及印刷电子技术
Agfa-Gevaert	比利时/德国	Agfa-Gevaert 是跨国企业，主要为印刷行业、制图行业和医疗保健行业，以及特定的工业应用开发、制造和分销数字成像产品、软件和系统
DuPont / DuPont Tejin Films	卢森堡/英国	DuPont / DuPont Tejin Films 为电子工业提供各种材料解决方案，包括柔性电子的材料和薄膜
Merck	德国	Merck 投资和创立的电子应用研究中心，为印刷电子产品开发材料，以进一步推进显示和半导体行业的创新
GenesInk	法国	GenesInk 专注于导电和半导电油墨的技术研发市场应用

表 1-3　欧洲重要元器件设计和制造公司

公司	国家	主要研发技术及产品
FLEEP Technologies	意大利	FLEEP 是一家生产基于有机薄膜晶体管（OTFT）的柔性集成电路和集成系统的公司，提供柔性、透明和可回收的电子产品解决方案，主要应用于生物医学、汽车或包装等行业
PolyIC	德国	PolyIC 开发基于印刷电子技术的产品，并独立生产制造透明和柔性金属网触摸传感器
Quad Industries	比利时	Quad Industries 生产印刷、柔性传感器等电子产品，并提供研发、工程设计、原型设计和制造服务
PragmatIC	卢森堡/英国	PragmatIC 为电子设备设计人员提供柔性电子代工服务，提供公司生产的柔性 RFID 和 NFC 标签、传感器和集成电路等产品，还为柔性电子产品制造合作伙伴提供"fab-in-a-box"生产系统
Isorg	法国	Isorg 为大面积图像传感器提供完整的解决方案，公司的核心技术是在不同的基板上集成印刷光电二极管，为智能手机和安防市场等提供扩展应用

1.1.3　代表性行业协会

有机电子学会（Organic Electronics Association, OE-A）是德国机械设备制造业联合会（VDMA）下属的一个专业委员会，于 2004 年成立。目前虽然简称 OE-A 不变，但实际名称已是"有机和印刷电子协会"（Organic and Printed Electronics Association）[5]，由来自欧洲、亚洲、北美洲和非洲的 30 多个国家的 200 多个成员组成，是全球最有影响的有机和印刷电子领域的国际性专业协会，在科学、技术和应用之间建立起桥梁，以促进有机和印刷电子新兴电子行业（传统硅电子以外的有机、聚合物或无机材质构成的柔性、印刷电子产品）的发展。每两年组织专家编制和发布 OE-A 路线图是协会重要的活动，旨在帮助行业、政府机构和科学家规划和调整其研发活动和产品计划，为新型电子产品市场提供预测，2006 年发布第一版。

2020 年第八版路线图（见图 1-3）对柔性显示、有机光伏（OPV）、电子元器件、集成智能系统和 OLED 照明五个重点领域的产品和市场应用进行了研究，描绘的有机和印刷电子（OPE）行业的主要趋势包括：

① OLED 显示器仍是 OPE 最大的成功故事，并主导 OPE 市场，市场随着越来越复杂的产品出现而持续增长；

② OPE 在汽车领域取得突破，目前集成了座椅加热器、座椅占用传感器、触敏表面以及 OLED；

③ 随着电极和糖尿病测试等产品普及，OPE 在医疗保健和福利行业的影响力也在强劲增长；

④ 越来越多的基于 OPE 的产品也被用于建筑、印刷和包装等关键行业领域；

⑤ 物联网是横跨许多行业的技术平台，OPE 正在实现传感器、能源自主性和降低环境影响等创新；

⑥ 从柔性 / 可弯曲到可拉伸产品的趋势仍在继续，并且在技术和商业上，与可穿戴设备甚至皮肤安装设备的集成都取得了进展；

⑦ 集成印刷和硅基组件制造混合动力系统仍然是 OPE 产品开发和制造的关键方式；

⑧ 基于 OPE 的 NFC 智能标签的地位不断增长，并朝着直接集成到包装材料的方向发展；

⑨ 随着收入的增长和产品的多样化，行业持续成熟。

	现有 2020	短期 2021—2023	中期 2024—2026	长期 2027—
	可折叠的手机显示屏 反光EPD	大面积柔性OLED显示器 可卷曲电视 汽车用曲面显示器	模内电子(IME)显示器	柔性QD显示器 柔性微OLED显示器　柔性&OLED显示器
有机光伏 (OPV)	OPV组件 便携式充电器 OPV-R2R产品	用于BIPV用的不透明OPV 大面积OPV POV电源	用于BIPV的半透明OPV 用于自主传感器的OPV	与薄膜电池相结合，按需设计所有表面上OPV的颜色和形状 
	打印器件：存储器、RFID天线、原电池、有源背板、压电元件。传感器：葡萄糖、压力、温度、湿度。印刷手机外壳集成天线；薄型柔性硅-芯片	光传感器、可拉伸导体/阻尼器；3D触摸传感器、低能耗显示的OTFT和OPD；3D&大面积柔性电子器件、有源触摸传感器	打印二次离子电池；打印超级电容器；手势传感器	复杂可拉伸电子器件；打印复杂逻辑元件　电子器件
集成智能系统 	智能标签传感器（湿度、温度）；血液分析传感器；NFC标签；混合系统（打印元件+柔性集成电路）；人机界面（传感器）	环境监测（如湿度）；嵌入总装部件（汽车）的传感器；监测运动的皮肤贴片（连接）；睡眠干扰监测	监测临床环境的皮肤贴片；单件标签（食品）	地理定位的智能标签；医疗预防用的呼吸分析仪 
	柔性白色OLED组件 应用于汽车的刚性红色OLED	应用于汽车的柔性红色OLED（分段）；透明OLED；应用于汽车内照明的OLED	3D OLED；OLED标识；应用于医疗的OLED	应用于飞机和铁路内的OLED　OLED照明

图 1-3　2020 年第八版 OE-A 有机印刷路线图

1.2
美国

美国在新兴柔性电子领域拥有众多优势，不仅拥有世界上最好的研究型大学系统和世界级的企业，从事柔性电子相关的研究项目，在柔性电子相关的竞争力、设备、工艺技术，以及知识产权方面都是世界一流；而且美国政府及政府机构也非常重视柔性电子技术新产品开发和应用，将柔性电子列入政府和部门支持的关键技术计划，投入大量经费，支持研究基础设施开发，建立柔性电子相关的研究中心，集成学术机构、企业、非营利组织，以及州、地方和联邦政府合作伙伴，共同促进美国柔性电子研究、开发和发展，采取了包括加速柔性电子技术的商业化、增强现有柔性电子技术的能力、开发柔性电子产品的新材料和加工方法、支持新型柔性电子产品的研发，以及鼓励行业投资柔性电子产品等有力措施。

1.2.1　美国柔性电子资助计划

2011 年和 2012 年美国政府发布有关先进制造业的《确保美国先进制造业领先地位战略》，发布了大力推进发展的先进制造业和技术领域，包括可再生能源产业，先进传感、先进材料的设计、纳米制造，可持续制造，柔性电子制造，生物制造和生物信息学，增材（即 3D 打印）制造等 15 个主要新兴产业。柔性电子制造被列入新兴产业中。

2014 年，美国科学与技术委员会（NSTC）发布《材料基因组计划战略规划》[6]，提出了 9 类关键材料领域及其重点研究方向。有机电子材料被列入第 8 类关键材料，将被应用于照明、显示、传感器、能量储存、医疗诊断、生物相容器件和环境监测等行业，并预测未来将产生 100 亿美元或更多的行业经济影响。

2015 年，美国国家制造业创新网络计划（NNMI）成立了制造业创新研究所。

① 集成光电子制造创新研究所（The Integrated Photonics Manufacturing Institute），由国防部主导。国防部将出资 1 亿美元，通过竞标选择的参与者也将承诺提供 1 亿美元的配套基金。将专门开发一个所谓"从终端到终端"的美国光电子"生态系统"，集成电光子制造是新一代重要的技术，能对医疗技术产生革命性影响。

② 国防部将出资 7500 万美元作为启动基金，组建"柔性混合电子制造创新研究所"（Flexible Hybrid Electronics Manufacturing Innovation Institute，NextFlex），旨在加速大规模制造柔性混合电子所需的技术和系统的发展。以主要企业、大学及其他非营利机构组成的研究所将投资 7500 万美元作为配套基金。研究所将设计、制造最先进的集成电子设备和传感器，以及组装和测试自动化设施，共同完成在美国推进柔性混合电子制造生态系统使命[7]。

2019 年，美国国家科学院（NAS）发布《材料研究前沿：十年调查》报告，评估了过去十年中 7 类材料领域研究进展与成就。半导体材料和其他电子材料位居第 3 类，阐述了有机半导体和柔性电子材料及器件发展取得的进展和影响：

① 有机半导体：共轭导体聚合物 / 有机材料为低成本、可增材制造、环境友好、印刷的电子制造生态系统提供了机会，为设计轻量化、柔性和大面积材料提供了解决方案，为有机场效应晶体管、有机发光二极管、有机光伏、电池、生物医学器件和传感器等功能性电子器件应用提供了机会。

② 柔性电子器件：超越柔性显示器和面板应用，发展到新的可折叠、可拉伸和舒适器件，应用于更柔软、便携、可穿戴的传感器，用于监测生理信号和增强人体生理机能设备应用。

2021 年，"制造业美国"框架下的柔性混合电子研究所（NextFlex）发布新一批的项目征集[8]，项目总投资超过 1430 万美元，希望借此推动柔性混合电子设备商业化，同时满足国防部在国防领域的需求。重点主题领域包括：高性能和多层柔性混合电子器件、提高柔性混合电子设备的可靠性、柔性混合电子监控系统、先进柔性混合电子材料、印刷电子制造的闭环过程监控、先进的柔性混合电子建模和设计工具、射频 / 微波柔性混合电子技术的系统开发、用于射频系统高度集成和紧凑互连的柔性混合电子，以及基于柔性混合电子的柔性有源毫米波相控阵孔径。

美国政府还通过各种拨款和计划为柔性电子研究提供资金，以促进柔性电子产品的研发、创新和商业化。

美国国防部（DOD）资助了重点开发柔性电子的先进材料、制造工艺和设备技术计划，军用柔性和可拉伸电子产品研发的投资，包括传感器、显示器和能源存储装备等。陆军资助亚利桑那州立大学柔性显示中心（FDC）成立，每年投入资金用于柔性显示等电子产品基础设施、材料和应用研究。海军研究办公室（ONR）的柔性电子和显示制造科学与技术项目专注于开发用于柔性电子设备和系统制造的新材料和工艺。

美国国家科学基金会（NSF）主要通过电子、通信和网络部提供资金，资助一批分子和有机/聚合物电子学、生物电子学和柔性电子学在传感器件、太阳能电池，以及可穿戴和可植入设备应用于医疗、通信等跨学科和新兴技术的相关项目。NSF每年支持几百个与柔性电子相关的基础研究项目，包括晶体管、OLED和柔性印刷电子等，通常这些项目都是单一研究者项目。SBIR/STTR计划支持许多创新小企业的技术转让和转化研究。柔性电子制造项目支持研究开发用于柔性电子产品生产的新技术和工艺。2017—2023年NSF投资1.45亿美元支持8个材料研究科学与工程中心（MRSEC）研究主题，其中包括晶体管、有机发光二极管和印刷电子等，项目大多与产业进行合作。2022年NSF启动一批未来制造资助项目，总投资3150万美元，其中包括可回收柔性电子器件的未来生态制造项目。

美国能源部（DOE）也对这一新兴技术进行了投资。重点是开发用于可再生能源应用的柔性电子产品，包括开发新型设备架构、新型材料和新的制造工艺，以实现可再生能源应用的柔性电子产品。美国能源部每年会对固态半导体照明研究进行资助，确定了无机发光二极管和有机发光二极管两个方向，战略措施包括基础研究、核心技术研究、产品开发、商业化支持、标准开发以及产业合作等方面，包括支持Litecontrol公司、Plextronics公司、InnoSys公司和Universal Displays公司研发OLED显示技术，以及资助美国太阳能项目（Solar American Initiative,SAI）。ARPA-E将柔性电子产品作为先进能源技术的研究和开发支持，并资助了柔性电池和太阳能电池技术的开发项目。

美国国家标准与技术研究院（NIST）是致力于促进创新和产业竞争力的政府机构。NIST实验室开发了专有的柔性电子技术，比如柔性存储设备，有机光伏、有机薄膜晶体管、有机电化学晶体管等，其测量设备还促进有机光电技术开发，包括可打印和柔性薄膜和混合有机太阳能电池。NIST还资助了柔性电子领域用于生物医学应用的柔性和可拉伸传感器的开发项目。NIST还与国际电子制造倡议（iNEMI）团体合作，促进新兴技术用户与供应商加强联系。

1.2.2 重要大学和研发企业

在柔性领域，众多美国大学均参与到基础和应用研究中，先后建立了柔性电子技术专门研究机构，对柔性电子的材料、器件与工艺技术进行了大量研究，见表1-4。

表 1-4　美国开展柔性电子研究的重要大学

大学	研究领域
哈佛大学	Wyss 研究所：混合 3D 打印软电子器件 Lewis Lab 柔性电子、柔性印刷电子、软电子等
佐治亚理工学院	柔性可穿戴电子先进研究是全校范围的多学科研究、开发、制造、教育和劳动力发展计划。项目成员与其他教育机构、行业和政府机构合作，共同开发和实施柔性可穿戴电子产品的新技术和制造方法
斯坦福大学	Geballe 先进材料实验室：功能磁性、光学和电子材料，能源和可持续性材料 鲍哲南小组利用化学、物理学和材料科学原理，基于人体皮肤功能，开发柔性和可伸缩材料、电子和能源器件
加州大学伯克利分校	伯克利新兴技术研究（BETR）中心的主要研究领域之一是可穿戴和柔性电子设备，目标是为可穿戴、交互式信息器件（包括显示器、传感器和逻辑器件）开发新的制造和部署范式
西北大学	Rogers 研究小组：大面积、柔性和可拉伸电子器件 印刷电子器件及生物分子传感器 光伏、固态照明和信息显示 生物集成电子学、光电子学、微流体和 MEMS
亚利桑那州立大学	柔性电子和显示器中心（FEDC）的研究课题包括柔性基板、薄膜晶体管、显示器件和柔性电子产品。
普渡大学	有机生物电子学实验室（LOBE）的研究课题包括生物电子学、有机电子学、印刷电子学和生物传感器

目前，许多美国公司参与到柔性电子产品的研发和生产中，是全球重要的技术提供者，见表 1-5。

表 1-5　美国柔性电子的重要公司

公司	主要产品
通用显示集团	在最先进的 OLED 技术和材料的发明、研究、开发和商业化方面处于全球领导地位。通过与全球的客户和合作伙伴的密切合作，提供创造、开发和商业化 OLED 材料以及技术解决方案和服务，签订长期的合作伙伴协议，为全球有源矩阵 OLED 显示屏和照明产品制造商提供服务。同时还研究在柔性基板或 FOLEDs 上制造 OLED 所需的多项技术
杜邦公司	专注于柔性电子材料和加工工艺的技术领先和创新能力，以实现可持续发展目标： ① 柔性印刷电路板材料 ② 半导体制造和封装 ③ 柔性 OLED 显示材料 ④ 更有效利用太阳能的优质太阳能材料
道康宁公司	已开发聚酰亚胺层的超薄柔性玻璃，应用于触摸屏、柔性太阳能电池、移动设备的显示面板和柔性 OLED 面板等柔性电子产品。与其他机构合作，利用卷对卷印刷技术生产柔性有机光伏器件，还研究在柔性基板上使用高性能石墨烯 FET

1.2.3 代表性行业协会

美国柔性技术联盟（FlexTech Alliance）[9]由2008年美国显示器联盟更名而来，是致力于推动北美推进柔性显示器和印刷电子产业链发展的组织，与行业、学术界、投资银行、风险资本公司以及联邦机构建立强大合作关系，为联邦政府设立的柔性印刷电子发展计划筹集资金，推动了显示器、柔性显示器和印刷电子产品从研发到商品化的进程。美国柔性技术联盟旨在确定技术差距，与产业界合作建立试点生产基地，并开发相关的供应链。在柔性电子领域（相关尖端工具、材料和工艺）赞助了上百个技术项目，以应用于发电、储能、传感器、通信和照明，以及可穿戴设备等领域。

NextFlex俄亥俄东北技术联盟（NorTech）是美国政府为加快俄亥俄东北地区柔性电子产业集群化的计划。该集群由联邦政府资助、由许多大型公司组成，在中小企业现在和许多联邦生产计划的柔性电子价值链中起到多样化作用。该集群成员具有的先进新兴竞争能力包括液晶器件的R2R制造、多功能薄膜的R2R生产、复杂柔性电路的自动化制造、高价值柔性设备的自动化制造等。计划利用整个区域价值链，在高价值柔性设备的生产上实现全球领先。

NextFlex是一个由美国电子公司、学术机构、非营利组织，以及州、地方和联邦政府合作伙伴组成的联盟，共同目标是推动美国柔性混合电子产品（FHE）的制造。自2015年成立以来，由技术专家、教育工作者、问题解决者和制造商组成的成员聚集于NextFlex联盟，共同促进FHE创新，缩小先进制造业劳动力差距，促进可持续的电子制造生态系统。

NextFlex对常用术语给出了相应的定义。

① 柔性电子：在可塑形或可拉伸基材（通常是塑料，也包括金属箔、纸张和柔性玻璃）上制造的电子器件。

② 柔性混合电子：将印刷电子与硅基集成（有源）电路结合在可塑形基材上，硅CMOS工艺的关键有源元件包括微控制器、数字信号处理器、高密度存储器和射频芯片。

③ 有机电子：是材料科学的一个领域，涉及有机小分子或聚合物的设计、合成、表征和应用，这些有机小分子或聚合物显示出理想的电子特性，如导电性。

④ 塑料电子：制造在塑料（聚合物）基材上的电子器件，而不是硅或玻璃，是有机电子的一部分。

⑤ 印刷电子：使用丝网印刷、喷墨印刷、凹版印刷、柔性版印刷等印刷方

法，通过铺设导电线制造的功能电子器件。

NextFlex 通过发布包含重点技术领域现状、市场机会和需求、主要利益相关者、五年前瞻性发展路线图以及优先技术差距等重要详细信息的技术路线图，帮助其成员优化可测试和验证印刷电子制造和柔性电子器件工艺。

例如，2022 年 NextFlex 发布的柔性混合电子材料领域路线图指出：材料特性和功能是柔性混合电子器件技术发展和性能的关键驱动因素。材料开发由 NextFlex 联盟成员需求驱动，同时也受到 NextFlex 外部材料开发的交叉影响。见表 1-6 和图 1-4。

表 1-6　NextFlex 柔性电子先进材料类别及发展机遇

类别	先进材料	发展机遇
基材	聚合物、玻璃、薄硅、热塑性聚氨酯、LCP	可拉伸基材和油墨
活性材料	掺杂非晶硅、电荧光油墨、掺杂碳纳米管、磁性薄膜、电活性材料、PZTs	印刷无源元件
无源导体	银墨水（比浆料高10%～20%）、铜墨水和铜浆料、石墨烯墨水、高掺杂碳墨水	有源半导体材料
介电＆封装材料	非共轭碳骨架聚合物、金属氧化物、陶瓷材料	互连材料和工艺
材料加工	光固化、磁取向 ECAs	油墨一致性和可靠性

图 1-4　NextFlex 柔性电子材料领域技术

1.3

韩国

韩国柔性电子产业起步早，生产经验和制造工艺均处于世界领先水平，在柔性电子领域处于主导地位，在柔性显示领域拥有全球领先的研发机构和企业。

1.3.1 韩国柔性电子资助计划

为了使韩国成为柔性印刷电子领域的全球领导者，韩国政府通过发展下一代显示的 21 世纪前沿计划、工业核心研究计划，以及韩国纳米创新 2025 综合发展计划等，重点发展柔性电子材料开发、工艺技术、器件集成等关键领域，采取的相应措施包括：

① 先进材料的开发：涉及开发用于柔性印刷电子产品的具有改进机械和电气性能的新材料。

② 工艺技术：重点改进柔性印刷电子产品的制造工艺，包括开发沉积薄膜和制模的新技术。

③ 设备集成：将柔性印刷电子集成到各种应用中，如可穿戴设备、柔性可折叠显示器和能源存储设备。

④ 标准化和商业化：政府通过建立产学研合作伙伴关系和促进该领域的投资，支持柔性印刷电子产品的标准化和商业化。

⑤ 全球合作：促进柔性印刷电子领域的国际合作，包括共同研究项目以及信息和技术交流。

韩国在发展柔性印刷电子技术方面的显著特点是：政府是投资的主体，各类研究计划主要由政府相关的机构负责推进。韩国政府采取的政策主要是：

① 对核心技术研究（印刷设备和设施方面）以及重要应用领域（LED、OLED、电子纸、触摸屏、柔性印刷电路板、OPV 和 RFID）进行重点支持；

② 提高设备和材料生产水平（下一代显示器检测仪器、对研究开发实行免税以及对中、小企业的支持）；

③ 建设基础设施和加强国际合作，支持召开韩国最大的显示器技术国际会议（International Meeting on Information Display, IMID）等，参与国际项目研究开发，韩国有全球数一数二的显示工业与半导体工业，在印刷电子制造设备与可印刷电子墨水的开发方面也进入世界前列；

④ 培养研究开发人才，建立研究中心，设立智慧韩国 21 工程（Brain Korea 21, BK21）和韩国世界一流大学计划（World Class University, WCU）等项目。

为了培育国家柔性电子创新生态系统和减少对外国电子产品依赖，韩国政府为有兴趣研究和开发柔性电子产品的大学、研究机构和企业提供了多方的资助机会。韩国科学、信息通信技术和未来规划部（MSIP），韩国研究基金，韩国科学技术研究院（KIST），韩国工业技术研究所（KITECH）和韩国能源技术评估与规划研究所（KETEP）等均设立了与柔性电子相关的项目，为柔性电子新材料、技术研发和产品应用的工业合作者提供资金支持，以激励企业研发柔性电子和柔性电子产品商业化。

韩国在开发显示器打印技术方面非常积极，特别是大面积，低成本的生态显示器和柔性显示器，成立了柔性电子研究中心（FERC），在将技术商业化的过程中，韩国利用其强大的供应链以及三星和 LG 等领先公司的制造和营销优势。政府要求工业界（特别是三星和 LG）资金投资支持韩国研究机构。

1.3.2 重要研究机构和研发企业

韩国大学、研究机构和企业集群的合作，在推进韩国柔性电子研究领域、柔性集成技术和实现产业化的整体发展方面发挥了重要作用，见表 1-7。

表 1-7 韩国开展柔性电子重要的研究机构及企业

大学	研究领域
首尔大学 （首尔大学半导体研究中心）	有机半导体 OTFT 有机太阳能电池（OPV） 基于 OTFT 的柔性显示或 RFID 技术 下一代柔性器件
GIST	柔性光电子学 柔性透明太阳能电池
KETI	有机发光显示（OLED, EL, 微纳 LED） 自由曲面显示（柔性、可拉伸、可卷曲） 透明太阳能电池，传感器和智能窗 下一代输入器件和 NUI/UX（触摸、虚拟传感器、可穿戴设备等） 自供电、物联网设备和可穿戴传感器技术（能量收集和无线电力传输） 智能传感器应用系统
KAIST	柔性显示器、太阳能电池和其他未来设备 先进光电子学下一代显示器和可穿戴电子设备 低成本印刷电子产品的喷气打印技术 用于集成印刷电子产品的 OTFT 用于能源收集的 OPV 用于显示和照明的有机发光二极管 LED 研究 可穿戴材料与技术

大学	研究领域
三星	三星 OLED™ 是一种创新的柔性可折叠显示屏，提供了全新的产品外形和可用性 三星 Hole 显示屏采用柔性 OLED 特有的简单层叠结构，具有高画质均匀性和透光性
LG	LG 显示发布的 12 英寸高分辨率、可拉伸显示器，采用了卓越的自由曲面技术，可伸展、折叠和扭曲而不会失真或损坏

1.3.3 代表性行业协会

韩国显示产业协会（Korea Display Industry Association，KDIA）和韩国印刷电子协会（Korea Flexible&Printed Electronics Association, KOPEA）在推动行业发展方面也发挥着重要作用，被称为"让显示器产业变得强大"。

2007 年，韩国显示产业协会（KDIA）成立，协会宗旨是加强韩国显示行业的纽带关系、谋求共同利益、促进显示相关产业全面发展。承担 OLED 材料、部件和设备的技术和市场开发、支持企业创新活动和未来科技创新人才培养，建立稳定的供应链，促进下游产业发展，加强营销和促进合作交流。协会的战略规划包括：

（1）为开拓显示器新市场奠定基础

开展显示器新市场创造型技术开发及验证：通过开展 300 亿韩元规模的国家研究开发企划事业，研发出满足创新需求的 OLED 及沉浸式显示技术，包括汽车、铁路、标牌等 OLED 应用产品的开发与验证；开发用于实现非面对面沉浸式图像的光场和部件等。

推动 Micro LED 行业创新基础建设项目：支持超大、有源、高密度、柔性的 Micro LED 显示行业生态系统的基础设施建设和技术开发：建立及运营 Micro LED 合作基地中心（包括使用设备及工艺的服务）；支持原型设计和生产、技术咨询、网络构建等。

（2）显示器核心零部件技术开发与验证，提升国产化率

支持国内公司联合，对依赖进口的核心部件和品目进行技术开发，从而避免对设备和部件购买商造成巨大连锁反应。

（3）支持材料、部件、设备和核心配件的量产性能评估

开展 2022 年度材料、部件、设备量产性能评估支援事业：通过对急需国

产化的核心材料、部件、设备需求企业的量产性能评估及改善活动，协助快速稳定国内供应链。

开展 OLED 工艺设备核心配件及材料性能评估：支持发现和评选国内 OLED 显示器材料、部件和设备企业的国产化开发品目，以及其性能评估和认证。

KDIA 会员是以显示面板、设备、材料行业等显示器产业为主导企业，包括 OLED 面板的三星显示和 LG 显示，以及显示加工、设备、零部件和材料在内的 180 余家企业。

韩国柔性印刷电子协会（KOPEA）前身是 2008 年成立的韩国印刷电子委员会，其业务始于工业、学术界和研究机构之间的合作，旨在促进会员之间在技术和行业发展方面的交流研究和领导技术发展，如印刷电子产品路线图，通过国内外学术研讨会提供教育机会、划分研究小组，鼓励他们进行有活力的研究，与 OE-A 等国际机构及日本相关学术协会合作，为印刷电子工业的发展和技术的传播作出贡献，培养专家，增进人类福祉。促进韩国印刷电子产业发展成为世界领先的产业之一和新的增长引擎。

1.4

日本

日本的半导体电子产业一直具有世界领先地位，但在柔性电子领域略显滞后。考虑到柔性电子技术在下一代柔性电子产品先进制造商业化应用中的重要地位，日本政府颁布了支持柔性电子技术产业发展的政产学研相关政策和资助项目计划，重点发展印刷与柔性电子材料与工艺关键技术。

1.4.1　日本柔性电子资助计划

2014 年，METI 资助柔性电子相关项目，旨在促进日本柔性电子设备的开发和商业化，帮助日本企业在全球柔性电子产品市场上保持竞争力。由日本政府和私人公司资助，重点是开发新的生产工艺和材料，以及研究柔性电子产品的新应用，以应对各种行业（如医疗设备、消费电子产品和汽车零部件）对低成本、柔性电子产品日益增长的需求。

2015—2018 年，日本通过 METI、日本科学技术振兴机构（JST），以及新能源工业技术发展组织（NEDO）资助柔性电子产品和下一代柔性电子研发项目，发展应用于工业和消费产品的先进柔性电子技术，包括新材料、印刷电子、低成本、高性能的柔性显示、传感器等。

2020年，METI-创新中心计划资助山形大学的有机电子创新中心，主要支持其与企业积极开展产学官合作，创造有机电子领域创新成果。

2021年日本政府发布《第六期科学技术创新基本计划（2021—2025）》，提出"材料革新能力强化战略"，提出通过产学合作推进革新性材料研发和社会化应用；利用材料领域的数据与制造技术形成数据驱动型研究体系；从摆脱资源制约、推动循环使用、加强人才培养和国际合作等方面持续强化国际竞争力。从创造"供给"为主转向创造"需求"为主的政策，从直接扶持产业到培养产业活力政策的转变等，促进了日本材料产业发展。

日本政府主要通过立法和经济援助等方式引导企业和大学开展合作，在法律框架下，政府、企业、大学和研究机构在材料产业发展目标、技术开发、生产和推广等方面通力合作。在基础研究方面，包括东京大学、东北大学、大阪大学、山形大学等日本高校在材料科学领域均有着深入研究，其中东京大学电子信息工程系开展柔性、可拉伸性有机电子器件，并使其广泛应用于生物医药、健康保健和机器人等领域。国家支持的实验室也在日本材料科学研究领域起到巨大作用，日本产业技术综合研究所（AIST）成立了柔性电子研究中心。日本在应用于信息通信、新能源、生物技术、医疗等领域的纳米材料、半导体材料、电子材料、陶瓷材料、碳纤维等方面国际领先，并拥有三井化学、东丽、住友化学等知名财团企业。

1.4.2 重要研究机构和研发企业

日本大学、国家支持的实验室和企业在柔性印刷电子领域材料、技术和应用方面有着深入研究，并通力合作，表1-8。

表1-8 日本开展柔性电子重要研究的机构及企业

大学	研究领域
山形大学 （有机电子创新中心）	先进的有机电致发光技术 有机薄膜太阳能电池/有机光伏系统 有机电致发光器件的基材/电极/有机层 柔性有机LED器件/器件的多光子结构

大学	研究领域
山形大学 （有机电子创新中心）	印刷有机薄膜晶体管 智能有机电子器件 OLED 面板 / 材料 有机生物传感器 / 有机传感系统
东京大学 （有机晶体管实验室）	有机器件的生物医学应用 利用有机材料固有的柔软性，实现人机接口 前所未有的轻质、超薄、软的集成电路、发光器件和太阳能电池 可穿戴电子产品
日本产业技术综合研究所 （AIST）	大面积全印刷柔性压力传感器 印刷柔性热电发生器 下一代大屏幕有机 EL 显示技术
日本半导体能源研究所 （SEL）	柔性 OLED 显示屏 可折叠显示屏 小型柔性面板 柔性照明：有机 EL 照明 /LED 照明 柔性 CPU 有机 EL 显示器 柔性太阳能电池 超薄柔性 RFID 标签
住友化学	聚合物 OLED 材料：可应用三原色（红、绿、蓝）印刷的聚合物 OLED 发光材料，作为形成显示发光层的方法，能够以低成本和高生产率批量生产大型面板 触摸屏传感器面板：移动设备中手触摸的传感器面板，高位置精度和灵敏度的精密传感器
日本显示（JDI）	应用传感器技术为医疗保健提供可靠的接口 可穿戴应用的彩色 OLED 显示 移动应用的 LCD 模块

1.4.3 代表性技术联盟和学会

2011 年由电子电器、印刷工艺设备、化工原材料等不同行业的知名企业与日本产业技术综合研究所（AIST）共同组成日本先进印刷电子技术研究联盟（Japan advanced Printed Electronics Technology Research Association, JAPERA）。联盟的目标是通过开发柔性印刷电子器件相关基础技术，以加速印刷电子产品的早日商品化。 截止到 2014 年，已有 AIST 和 26 家企业成为联盟成员，成员包括索尼、东芝、松下、日本电气、东京电子、住友化学、旭化成、帝人、富士胶片、柯尼卡美能达、日立化成、出光兴业、三菱化学、东洋纺、大日本印刷、凸版印刷等日本知名企业。

日本应用物理学会（JSAP）是日本领先的学术团体，应用物理学是基于基础物理理论与电子、化学和材料科学等相关领域的融合和应用，涵盖广泛的、最先进的跨学科主题。自 2006 年以来，日本应用物理学会（JSAP）一直在制定应用物理学相关领域的学术路线图，为应用物理学的未来提供战略、愿景和指导。其中柔性电子密切相关的有机与分子电子学路线图[10]，见图 1-5。

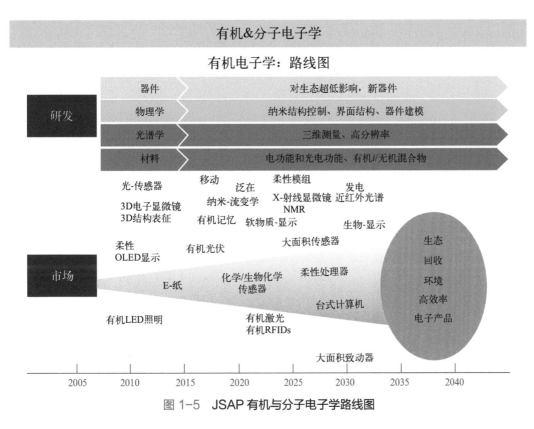

图 1-5　JSAP 有机与分子电子学路线图

第 2 章

本征柔性电子技术
市场前景

2.1
柔性电子概述

柔性电子是将有机、无机或有机/无机复合（杂化）材料沉积在柔性或可延展基板上，形成以电路为代表的电子、光子、光电子元器件及其集成系统的新兴科学技术。柔性电子颠覆了传统刚性电子器件的物理形态，具有可延展、可变形、便携性、灵活性、质量轻、可穿戴等特性。

柔性电子行业主要包括上游、中游和下游。上游为生产设备和原材料，中游为基于原材料制造的各类柔性电子器件以及器件模组等，下游为柔性电子在各行业的应用，见图2-1。

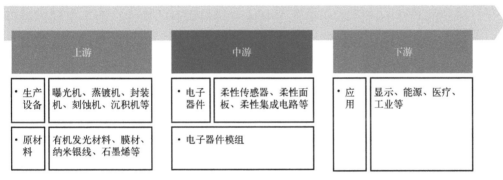

数据来源：化信整理

图 2-1　柔性电子行业产业链

（1）柔性材料

柔性电子材料是柔性电子技术的基础。实现柔性主要有三种技术路线，包括物理柔性（将物体做得很薄、很细）、结构柔性（芯片本身是刚性的，芯片之间的连线采用弹簧机构）和本征柔性（材料本身具有柔性）。柔性电子材料分类情况见表2-1。

表 2-1　柔性电子材料分类

分类方法	材料
实现柔性方法	具有本征柔韧性的功能有机分子和聚合物材料，如导电高分子聚合物、有机半导体等 经过微结构设计实现柔性的刚性无机材料，如石墨烯、碳纳米管等微纳米材料等

分类方法	材料
材料物理性能	柔性导电材料 柔性半导体材料 柔性介质材料 柔性光电材料等
柔性材料应用领域	有机发光二极管（OLED）材料 有机光伏（OPV）材料 有机光电探测器（OPD）材料 有机薄膜晶体管（OTFT）材料 导电油墨材料 组件连接材料等

数据来源：化信整理

根据材料柔性的实现策略，柔性电子材料可划分为具有本征柔韧性的功能有机分子和聚合物材料，以及经过微结构设计实现柔性的刚性无机材料。

与传统的柔性不同，本征柔性主要依靠材料本身的柔性，而不是通过物理柔性和结构柔性实现。这种通过柔性连接的分子材料，特点是能通过分子设计来改变结构并改变性能。

本征柔性材料中的有机半导体材料和高分子聚合物材料可作为电子浆料适用于印刷电子技术，实现大批量、低成本、高效率的柔性电子器件加工和集成。目前本征柔性材料主要的应用场景有场效应晶体管、有机发光二极管OLED、有机碳电子和传感器等。

根据材料物理性能，柔性电子材料可以分为柔性导电材料、柔性半导体材料、柔性介电材料和柔性光电材料等。

① 柔性导电材料　具有导体特性，包括金属导体、导电聚合物和纳米导体等。其中，导电聚合物可通过对分子结构的调控来改变机械性能和电学性能，且易于加工。聚3,4-乙烯二氧噻吩：聚苯乙烯磺酸盐（PEDOT:PSS）具有高的电导率和杨氏模量，光学透过性与氧化铟锡（ITO）相似，是常用的导电聚合物之一。

② 柔性半导体材料　具有半导体特性，包括无机半导体、金属氧化物半导体和有机半导体等。有机半导体材料分为小分子型和高分子型。小分子型有三苯基胺、富勒烯、酞菁、苝衍生物和花菁等；高分子型有聚乙炔型、聚芳环型和共聚物型等。

③ 柔性介质材料　具有绝缘特性，主要是用于柔性显示的基底材料、聚合物电容器介质和压力电子皮肤传感器的电介质材料等。用于柔性显示的基底材

料包括聚合物基底、超薄玻璃基底、不锈钢基底、纸质基底和生物复合薄膜基底等。其中，聚合物材料具有化学结构设计性强的优势，可通过分子设计得到不同功能性的聚合物基底材料来适应不同的应用需求。

④ 柔性光电材料 具有光电活性，能有效实现光能和电能之间转换的材料，包括有机光电材料、有机-无机复合光电材料等。有机光电材料通常是富含碳原子、具有大 π 键的共轭体系的有机分子，广泛应用于太阳能电池、发光二极管、薄膜晶体管、存储器和传感器中。有机-无机复合光电材料将有机和无机组分的优势结合起来，既具备了无机半导体材料的高光电特性，又综合了有机材料质轻、柔性的特征，且可采用低温溶液方法实现制备大面积薄膜器件。

（2）柔性器件

柔性电子器件是柔性电子的主要体现形式之一。柔性电子器件以柔性材料为基础，结合微纳米加工和集成技术，设计制造可实现逻辑放大、滤波、数据存储、信号反相、数字运算、传感等功能的新一代电子元器件。具体柔性有机电子器件见表2-2。

表2-2 柔性有机电子器件

电子器件	细分
有机晶体管	场效应晶体管
	光晶体管
	记忆存储晶体管
	其他功能性晶体管
有机光电器件	发光二极管
	交流电致发光器件
	其他光电器件
有机能源存储和转换器件	太阳能电池
	超级电容器
	纳米发电器件
有机传感器	压力和应变传感器
	触觉传感器
	温度传感器
	其他传感器
有机存储器	忆阻器
	磁存储器
	仿突触存储器

电子器件	细分
其他	致动器
	无线通信
	集成电路

数据来源：《功能性可拉伸有机电子器件的研究进展》[11]

柔性电子器件的柔性主要是依靠超薄的韧性基底材料实现的，同时为了保证器件在高度形变下仍具有完整的功能性，还需要高延展性、耐疲劳的导电材料和高稳定性的半导体材料。

① 有机晶体管是由有机半导体材料制成的晶体管器件。有机半导体材料具有高机械柔韧性、更高的天然丰度和更低成本等特性。因这些特性，有机半导体材料可印刷到塑料、衣服甚至人体等柔性基板上。有机半导体已在显示技术中得到应用，例如有机场效应晶体管（OFET）。

② 柔性显示是指由柔性材料制成的可变形、可弯曲的显示装置。柔性显示屏具有重量轻、体积小、可弯曲、对比度高、方便携带等特点。目前的主流是柔性有机发光二极管（OLED）技术，是一种以有机薄膜作为发光体的自发光显示器件。柔性 OLED 用柔韧性好、具有良好透光性的材料替代普通的玻璃衬底。

按照驱动方式，OLED 显示可分为主动式（AMOLED）和被动式（PMOLED）。AMOLED 是指有源矩阵有机发光二极管，将成千上万个有机发光二极管以特定的形式堆放在基板上，当有电压时，会发出红绿蓝三原色的光，调整三原色的比例就会发出各种颜色的光。与传统屏幕相比，AMOLED 屏体积轻薄、色域广、对比度高、功耗低，易于制成可弯曲、可折叠的屏幕。柔性 AMOLED 显示技术可被广泛应用在手机、电视、车载显示器、VR 等消费电子领域。

柔性显示目前主要是通过减薄技术（物理柔性）和铰链技术（结构柔性）实现的。本征柔性显示器应同时具备高弹性变形、小于 0.5mm 的弯曲半径、大于 25% 的拉伸应变这三个关键因素。受显示面板尺寸和形状的限制，本征柔性显示的开发仍是一个巨大的科学和技术挑战。

③ 柔性传感器指其本身具有灵活物理特性，可根据需求适应产品物理形状改变的传感器。柔性传感器具有柔软的基底，能适应复杂的非平整表面，将传感器的应用范围极大地提高，逐步应用于医疗、交通、电子消费品、工业生产

等领域，在健康监测、电子皮肤、生物医药、可穿戴电子产品等方面发挥着重要的作用。

根据用途，柔性传感器可分为柔性压力传感器、柔性气体传感器、柔性湿度传感器、柔性温度传感器、柔性应变传感器、柔性磁阻抗传感器和柔性热流量传感器等。

柔性传感器采用的都是柔性基底，要求材料具有轻薄、透明、可拉伸、可弯曲等特点，聚二甲基硅氧烷（PDMS）是较常见的柔性基底材料。另外，石墨烯和碳纳米管等高性能材料具有优异的导电性、质量轻等特点，也常被用在柔性传感器中。

随着技术的发展，柔性传感器正向着适应性强、敏感性高、误报率低、便携性佳等方向发展。与压力、应变、触觉、温度、气体等传感器相关的研究成果促进了柔性传感器的发展，有望在人机交互等领域带来革命性应用，使低成本、大面积制备的电子皮肤技术应用成为可能。

④ 柔性集成电路是柔性电子器件的重要组成部分，是一种将电子元件通过半导体工艺集成在柔性基板上组成的特殊集成电路。其与传统集成电路之间最根本的区别是电路的基板采用柔性基板替代刚性基板。柔性基板一般为高分子材料，具有厚度薄、质量轻、透明、可弯曲等特点。

2.2
柔性电子应用情况

柔性电子具有良好的柔韧性和延展性，且制造工艺高效、低成本，使其在工业、医疗、能源、电子消费品等领域具有广泛的应用前景。

根据全球企业增长咨询公司弗若斯特沙利文（Frost & Sullivan）报告，柔性电子行业发展历程及未来发展趋势见表 2-3。

表 2-3 柔性电子行业发展

时间	柔性与 OLED 显示	柔性电子与零部件	集成智能系统
2015 年	曲面 OLED 电视、移动 OLED 屏幕、电子阅读器、可穿戴设备	一次性电池、无 ITO 透明导电膜和触摸传感器	带有集成传感器的服装、防盗 / 防伪标签、温度传感智能标签、印刷传感器和试纸

时间	柔性与 OLED 显示	柔性电子与零部件	集成智能系统
2016—2018 年	半透明可变曲面屏幕、OLED 显示器与电视	可充电电池、透明触摸传感器、反射式显示元件、柔性与大面积无 ITO 触摸传感器	支持 NFC 传感器的标签、智能包装、服装中的集成系统
2019—2022 年	便携式可折叠 OLED 屏幕、半透明可弯曲屏幕	芯片、可弯曲无 ITO 触摸与动作传感器	万物网智能系统、NFC/RFID 智能标签、低成本家庭健康监测
2023 年以后	可拉伸屏幕、可弯曲 OLED 电视、可弯曲消费电子产品	直接打印电池、集成了有源和无源器件的智能物件、触摸与动作传感器的全集成	织物与 OLED 的集成、一次性健康监测系统、智能楼宇无线传感器等柔性物联网

在工业制造行业，柔性电子可改变工业设备和产品形态，通过传感器和电子器件，增加设备和产品的功能并减小其体积。这在汽车制造行业体现得尤为突出，柔性电子可将电子部件和汽车结构件融为一体。例如，可利用柔性电子技术，将加热器件嵌入人体接触位置，使供暖更加有效。另外，柔性电子的保形性使加热元件能放置在离表面更近的地方，使加热更加高效和灵敏。

在医疗领域，柔性电子器件凭借其优异的适应变形的特性，可与人体组织长期自然融合，可精准测量医学指标，如体温、呼吸、血压、心电等，为大数据医疗提供实时数据。典型应用包括电子皮肤、智能创可贴、智能绷带、柔性血氧仪等。

在能源行业，能够承受机械变形并保持良好能源转化及存储性能的柔性能源器件是较为关注的研究方向。其中，柔性太阳能电池具有重量轻、可弯曲、安装成本低等优点，在建筑一体化光伏、移动设备、便携式设备、航空航天等领域有广阔的应用空间。

在电子消费品行业，柔性显示屏在数字显示器和移动设备中应用广泛，涵盖了智能手机、智能手表、便携式电脑、电视等。

柔性电子器件具备柔软、质轻、透明、便携、可大面积应用的特性，极大地扩展了电子器件的应用范围。柔性电子行业的发展将对人类社会的经济和生活产生深远的影响。

2.3
柔性电子市场概况

2.3.1 全球柔性电子市场规模

全球柔性电子市场规模将呈现逐年增长的态势，预计到 2030 年，全球柔性电子的市场规模将从 2020 年的 272 亿美元增长到 610 亿美元，在预测期内的复合增长率为 8.5%（图 2-2）[12]。

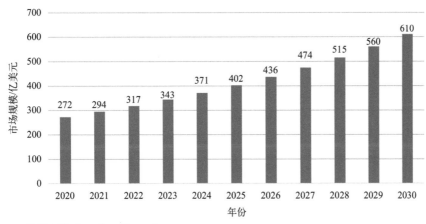

数据来源：Precedence Research

图 2-2 2020—2030 年柔性电子市场规模

注：预测模型只依据 GAGR，不考虑其他因素。

作为一项新兴的电子技术，柔性电子较传统电子具备更大的灵活性、柔软性以及延展性，结合其高效低成本的制造工艺，在医疗、信息、能源、国防等领域中有着广泛的应用需求。此外，随着与人工智能、物联网等新技术的不断融合发展，也将会进一步拓宽柔性电子的应用领域范围，从而带动市场增长。

2022—2027 年预测期内 OLED 柔性显示领域的市场份额约占柔性电子产业市场的 38%、印刷与柔性传感器领域约占 27%[13]，两大领域是拉动柔性电子市场持续增长的主要领域，此外柔性电路、柔性电池、光电薄膜等领域虽然市场份额相对较小，但具有强大的增长潜力，见图 2-3。

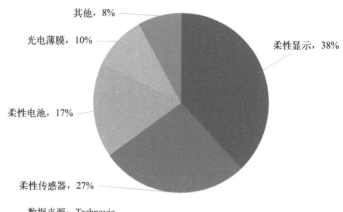

数据来源：Technavio

图 2-3　2022—2027 年柔性电子市场细分行业及占比

（1）柔性显示

柔性具有可折叠、质量轻、外形薄、成本低、性能优越等特点，在电子显示领域的渗透率不断提升，目前已在可穿戴、可折叠电子设备等领域广泛应用。2021 年全球柔性显示的市场规模约为 163 亿美元，预计到 2030 年将达到 2447 亿美元，预测期的复合增长率为 35.12%，见图 2-4[14]。

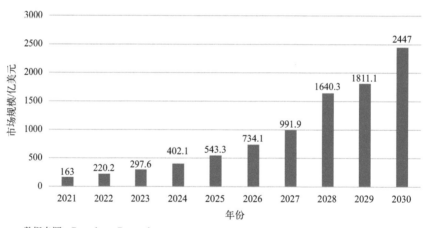

数据来源：Precedence Research

图 2-4　2021—2030 年柔性显示市场规模
注：预测模型只依据 GAGR，不考虑其他因素。

2022 年 OLED 在柔性显示市场上占据主导地位，市场份额为 40%，见图 2-5[15]。OLED 具有轻薄短小、精致灵敏、色彩鲜艳、省电等技术优点，受到市场广泛认可。

全球搭载 OLED 面板的智能手机中显示面板为 AMOLED 的比例已接近 70%，AMOLED 已成为 OLED 市场的主流，目前 AMOLED 主要用于智能手

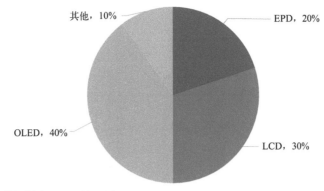

数据来源：Impactful Insights

图 2-5　2022 年柔性显示市场份额

机面板[16]。市场研究公司 Cinno Research 统计数据显示，2022 年第三季度 AMOLED 智能手机面板全球产能全部集中在韩国和中国，其中韩国产能占据 69.6%，中国占据 30.4%，见图 2-6。

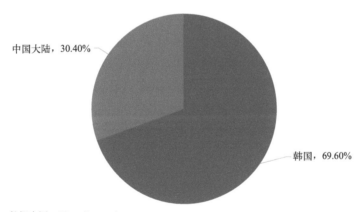

数据来源：Cinno Research

图 2-6　2022 年第三季度 AMOLED 智能手机面板全球产能分布

（2）柔性传感器

2021 年全球柔性和印刷传感器市场规模为 81.2 亿美元，预测到 2027 年，全球柔性和印刷传感器市场将达到 128.3 亿美元，预测期内的复合年增长率为 6.8%[17]。柔性和印刷传感器市场规模的快速扩大，受益于下游娱乐、医疗、汽车等行业的需求拉动，此外，物联网（IoT）和人工智能的日益普及，也带动了柔性和印刷传感器市场的增长，见图 2-7。

（3）柔性印刷电路

2021 年全球柔性印刷电路板市场价值 206 亿美元，并预测到 2031 年，全球柔性印刷电路板市场价值将达到 550 亿美元，预测期内的复合增长率为 10.3%[18]。

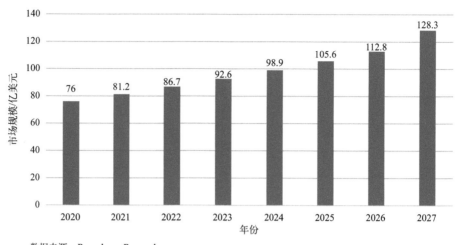

数据来源：Precedence Research

图 2-7　2020—2027 年柔性传感器市场规模

注：预测模型只依据 GAGR，不考虑其他因素。

2.3.2　中国柔性电子市场规模

中国 2021 年 OLED 市场规模达到了 370 亿美元[19]，随着我国多条 OLED 生产线的投产，产能逐渐扩大，市场份额稳定上升，见图 2-8。

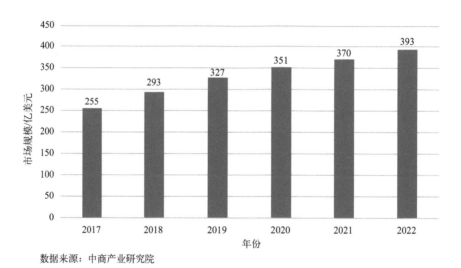

数据来源：中商产业研究院

图 2-8　2017—2022 年中国 OLED 市场规模

截至 2022 年第一季度，中国企业在中小尺寸 OLED 的市场占有率已经达到了 22.6%，较上年同期增长 7 个百分点，其中京东方以 11.2% 的市场占有率位居世界第二大，见图 2-9[20]。

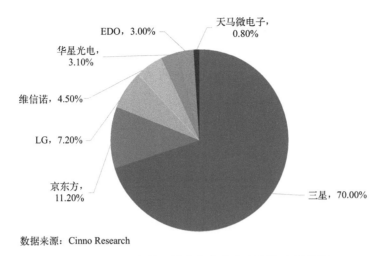

数据来源：Cinno Research

图 2-9　2022 年第一季度中小尺寸 OLED 市场份额

根据中国主要柔性印刷电路板厂商公布的营收季报，鹏鼎为中国最大柔性印刷电路板生产商，2022 年前三季度营收 247.92 亿元，见图 2-10。

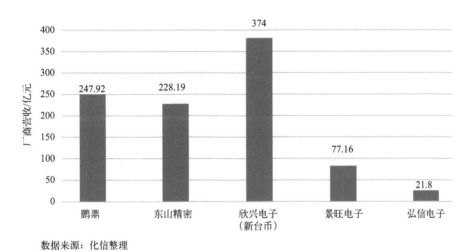

数据来源：化信整理

图 2-10　2022 年前三季度中国主要柔性印刷电路板厂商营收

2.3.3　柔性电子全球领先企业

从市场格局来看，欧美和日韩的柔性电子产业发展迅速，凭借其大量的生产经验和先进的制造工艺，占据着世界领先地位。全球柔性电子领域领先企业分别为：三星、LG、Solar Frontier、Palo Alto Research Center Incorporated、Cymbet Corporation、Blue Spark Technologies、Enfucell Flexible Electronics、Imprint Energy、E Ink Holdings、友达光电[12]。

① 三星：三星成立于 1938 年，于 1989 年在韩国上市。三星经营领域涵盖电子、金融业、保险、生物制药、建设、化工业、医疗等等广泛领域。其主要产品包括 Galaxy Fold 和 Galaxy Filp 两大折叠屏手机系列，以及 Super-AMOLED、QDOLED 显示面板等。

② 京东方科技集团股份有限公司（以下简称京东方）：京东方成立于 1993 年，2001 年在深交所主板上市。京东方的业务布局以半导体显示为核心，物联网创新、传感器及解决方案、MLED、智慧医工融合发展的"1+4+N+ 生态链"业务架构。京东方的主要产品包括 f-OLED 和 α-MLED 显示面板等。

③ 英国 FlexEnable：FlexEnable 是一家专注于生产柔性显示器和柔性传感器的公司。主要产品包括柔性有机 LCD（OLCD）、FlexiOM 有机材料等。

（1）柔性显示

柔性显示市场主要参与者包括：三星、京东方、LG、华星光电和维信诺，见图 2-11[21]。

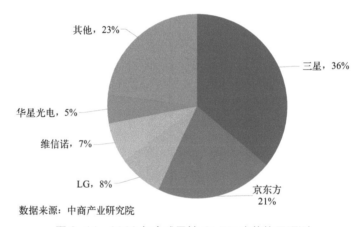

数据来源：中商产业研究院

图 2-11　2022 年全球柔性 OLED 产能格局预测

三星显示（SDC）是三星专门生产显示面板的子公司，是全球最大的显示面板生产商，具有全套垂直整合供应链。2020 年三星显示的 OLED 面板收入约为 223 亿美元，出货量为 3.9 亿块，占据 68% 的市场份额。主要产品包括 Super-AMOLED 和 QDOLED 显示面板等。

LG 乐金显示（LGD）是 LG 集团下专门生产显示面板的子公司，是全球领先的显示面板制造商之一。主要产品包括透明 OLED、响应速度达到 0.0001s 的游戏专用 OLED 显示面板等。

（2）柔性传感器

主要市场参与者包括：富士、Canatu Oy、Interlink Electronics、Tekscan、

ISORG、Peratech Holdco、KWJ Engineering、T+Ink、Renesas Electronics、Thin Film Electronics ASA[17]。

日本富士创立于1934，是世界上规模最大的综合性影像、信息、文件处理类产品及服务的制造和供应商之一，富士生产的硅电容传感器和变送器在静压保护方面上具有显著优势。主要产品包括压力传感器，硅电容传感器等。

另一全球领先的柔性传感器制造商为Canatu Oy。Canatu Oy是全球最大的碳纳米材料开发商，主要产品包括应用于汽车雷达的3D触摸传感器Canatu 3D、用于医疗行业的电化学传感器Canatu CNT等。

（3）柔性印刷电路

在柔性印刷电路领域，主要市场参与者包括：旗胜、臻鼎、东山精密、欣兴集团、揖斐电、迅达科技等，见图2-12[22]。

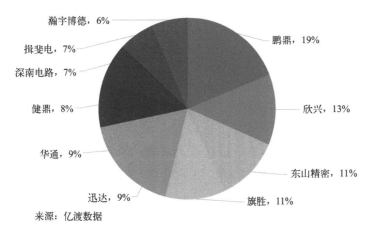

图2-12　2020年PCB前十大厂商市场份额

2021年全球柔性印刷电路（PCB）产值最高的企业为中国台湾的臻鼎，2021年PCB产值超40亿美元，主要产品包括软性印刷电路板（FPC）、高密度连接板（HDI）、硬式印刷电路板（RPCB）及集成电路（IC载板）。

另一大柔性印刷电路制造商为旗胜。旗胜是全球大的柔性印刷电路制造商，日本NOK集团成员，曾在2019年以24.5%市场份额排名全球第一。产品应用涵盖数码相机、行动通信器材、笔记本电脑及周边相关设备、消费性电子产品等。主要产品包括单面软式电路板、双面软式电路板、多面软式电路板等。

第 3 章

本征柔性电子领域
基础研究态势

利用 Web of Science™ 核心合集数据库和工具，分析柔性电子学领域材料和器件的核心论文数据，包括研究领域发文态势、主要国家地区分布及合作、主要研究机构分布及合作、研究领域热点主题分布、高被引论文，以及研究领域人员及主题变化，旨在从客观数据视角，为我国本征柔性电子领域研究者提供可借鉴的参考依据。

3.1
材料

3.1.1 本征柔性电极材料

3.1.1.1 研究领域论文发表趋势

2012—2022 年（截止到 10 月）期间，在 SCIE 数据库中基于主题检索到全球柔性电极材料研究领域 9915 篇论文，经专家判读，全球本征柔性电极材料研究领域密切相关论文 6045 篇。

从发文趋势可以看出：全球柔性和本征柔性电极材料研究领域均呈现快速增长趋势，全球柔性电极材料研究领域发文增长速率高于全球本征柔性电极材料，见图 3-1。

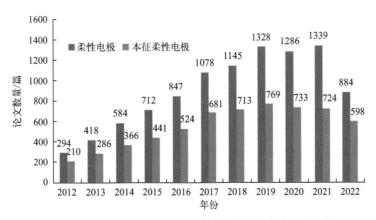

图 3-1　柔性和本征柔性电极材料研究领域全球发文态势

经专家判读的全球本征柔性电极材料研究领域密切相关论文年发文量超过 210 篇，呈逐步上升态势，2018 年突破 713 篇后，总体保持年稳定增长发展水平。中国在本征柔性电极材料研究领域共发表 2888 篇论文，2012 年论文数量 80 篇，逐渐增加，中国本征柔性电极材料电池领域研究总体与全球同步发展，2017 年突破 322 篇后，近年论文数量约占据全球论文数量的 1/2，见图 3-2。

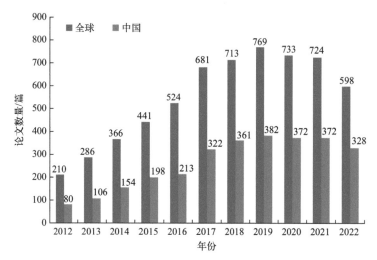

图 3-2　本征柔性电极材料研究领域全球和中国发文态势

3.1.1.2　主要研究国家分布及合作

对全球本征柔性电极材料研究领域的国家分布分析发现，共有 90 个国家开展了相关研究，发文量位于前十位的国家分别是：中国、韩国、美国、印度、日本、英国、伊朗、德国、新加坡和澳大利亚，这 10 个国家发文量占总论文量的 77.40%，见图 3-3。

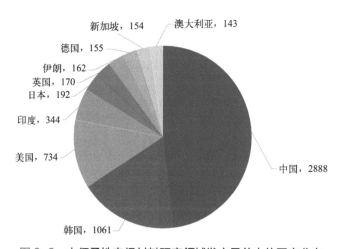

图 3-3　本征柔性电极材料研究领域发文量前十位国家分布

分析全球本征柔性电极材料发文量前十位研究机构相互间的合作情况（图 3-4）可知：

① 合作规模为两个以及多个国家合作；

② 合作发文高于 25% 的国家有中国、美国、澳大利亚、新加坡和英国；

③ 与其他国家合作发文数量超过 200 篇的有中国和美国，其中中国与美国、新加坡、澳大利亚和韩国合作发文 483 篇，美国与中国、韩国、印度和英国合作发文 403 篇。

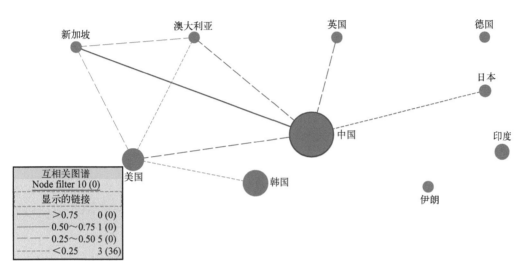

图 3-4　本征柔性电极材料研究领域发文量前十位国家合作

3.1.1.3　主要研究机构分布及合作

对全球本征柔性电极材料领域的研究机构进行筛选分析发现，全球本征柔性电极材料研究领域发文量位于前十位的研究机构分别是：清华大学、高丽大学、成均馆大学、延世大学、首尔大学、中国科学院大学、华中科技大学、中国科学院苏州纳米技术与纳米仿生研究所（以下简称中国科学院苏州纳米所）、韩国科学技术研究院、东华大学和南阳理工大学（并列）。其中中国有 5 家机构，韩国有 5 家机构，新加坡 1 家机构，见表 3-1。

表 3-1　全球本征柔性电极材料研究领域发文量前十位研究机构

序号	全球研究机构	发文数量 / 篇
1	清华大学	127
2	高丽大学	120
3	成均馆大学	120

序号	全球研究机构	发文数量 / 篇
4	延世大学	108
5	首尔大学	101
6	中国科学院大学	101
7	华中科技大学	89
8	中国科学院苏州纳米所	88
9	韩国科学技术研究院	88
10	东华大学	81
10	南阳理工大学	81

中国本征柔性电极材料研究领域发文量位于前十位的研究机构分别是：清华大学、中国科学院大学、华中科技大学、中国科学院苏州纳米所、东华大学、苏州大学、哈尔滨工业大学、天津大学、中国科技大学、北京大学和华南理工大学（并列），见表 3-2。

表 3-2 中国本征柔性电极材料研究领域发文量前十位研究机构

序号	中国研究机构	发文数量 / 篇
1	清华大学	127
2	中国科学院大学	101
3	华中科技大学	89
4	中国科学院苏州纳米所	88
5	东华大学	81
6	苏州大学	79
7	哈尔滨工业大学	75
8	天津大学	74
9	中国科技大学	71
10	北京大学	69
10	华南理工大学	69

分析全球本征柔性电极材料发文量前十位研究机构相互间的合作情况（图 3-5）可知：

① 合作规模为两家以及多家机构合作；

② 合作发文高于 5 篇的机构有高丽大学、成均馆大学、延世大学、首尔大学和韩国科学技术研究院，以及中国科学院大学和中国科学院苏州纳米所；

③ 韩国的五家机构间开展了广泛的合作。

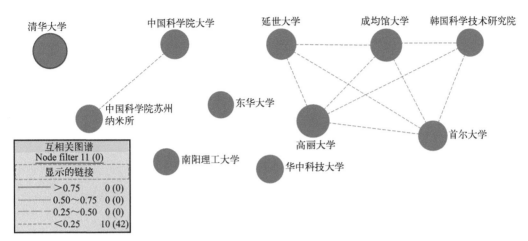

图3-5　全球本征柔性电极材料研究领域发文量前十位机构合作

分析中国本征柔性电极材料发文量前十位研究机构相互间的合作情况（图3-6）可知：

① 与3家机构合作4篇论文以上的有清华大学、北京大学和中国科学院苏州纳米技术与纳米生物研究所；

② 与2家机构合作的有中国科学院大学、苏州大学和中国科技大学。

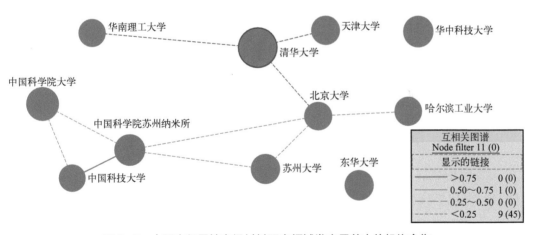

图3-6　中国本征柔性电极材料研究领域发文量前十位机构合作

3.1.1.4　研究领域热点主题分布

利用 VOSviewer 分析工具，对研究领域论文作者关键词中出现的高频词作共现聚类。图中圆圈越大，关键词出现词频越高，不同颜色代表聚合的不同主题簇。全球本征柔性电极材料研究领域作者关键词聚类分析见图3-7。

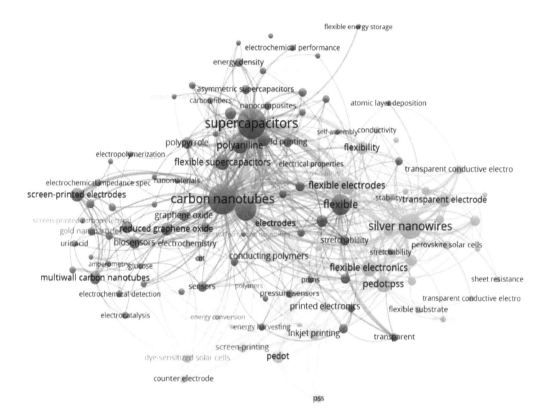

图 3-7   全球本征柔性电极材料研究领域聚类图谱

（1）红色聚类主题

① 碳纳米管、单壁/多壁碳纳米管、微碳纳米管、纳米复合材料、金纳米颗粒、石墨烯、石墨烯氧化物、聚吡咯、离子液体、聚苯胺、导电聚合物、薄膜等；

② 生物传感器、免疫传感器、葡萄糖、细菌纤维素等；

③ 电催化、电化学检测、电化学性能、电性能、电化学阻抗谱、电化学传感器、电化学聚合、修饰电极、对电极、丝网印刷电极、印刷电子等；

④ 能量转换、太阳能电池等。

（2）绿色聚类主题

① Ag/Cu 纳米线、共轭聚合物、ITO-free、PEDOT∶PSS 等；

② 柔性电极、柔性衬底、柔性透明电极、透明导电电极、导电率等；

③ 柔性电子、有机发光二极管、聚合物太阳能电池、有机太阳能电池、有机光电、柔性、稳定性等。

（3）蓝色聚类主题

① 碳纤维、碳纳米纤维、纳米聚合物、聚苯胺等；

② 柔性器件、柔性能量储存、柔性超级电容器、混合超级电容器、导电性、电化学性能、比电容、自组装、高能量密度等；

③ 3D 打印技术等。

（4）黄色聚类主题

① 柔性、拉伸性、可穿戴、自供电、透明的、稳定性等；

② 柔性传感器、可拉伸电极、可拉伸电子、可穿戴设备、可穿戴电子、摩擦纳米发电机、应变传感器等。

3.1.1.5　研究领域主要高被引论文

从全球本征柔性电极材料研究领域前十位高被引论文分析可以看出：前十位高被引论文被引次数范围是 657 ～ 1531 次。其中位居高被引之首的论文是：2014 年，韩国科学技术研究院发表在 ACS NANO 的 "Highly stretchable and sensitive strain sensor based on silver nanowire-elastomer nanocomposite"，被引用次数达到 1531 次。可以看出全球本征柔性电极材料研究领域前十位高被引论文来自美国 4 篇，其中斯坦福大学 2 篇，加州大学洛杉矶分校 1 篇，北卡罗来纳州立大学 1 篇；中国 4 篇，其中华中科技大学 2 篇；韩国 2 篇。由此可以看出在前十位高被引论文数量方面美国和中国占据优势，见表 3-3。

3.1.1.6　研究领域研究人员及主题变化

2012—2022 年（截止到 10 月）期间，本征柔性电极材料研究领域基于年份活跃的研究人员（基于论文作者）和新出现的研究主题（基于论文作者关键词）来看，研究领域持续有新的研究人员和新的研究主题进入，整体呈现快速上升的趋势，说明本征柔性电极材料研究领域呈现蓬勃发展趋势，属于热门研究领域，见图 3-8 和图 3-9。

3.1.2　本征柔性介电和衬底材料

3.1.2.1　研究领域论文发表趋势

2012—2022 年（截止到 10 月）期间，在 SCIE 数据库中基于主题检索到

表 3-3　本征柔性电极材料研究领域高被引论文

序号	题目	作者	来源期刊	引用次数	国家/机构（通信作者）
1	Highly stretchable and sensitive strain sensor based on silver nanowire–elastomer nanocomposite	Amjadi, M (Amjadi, Morteza); Pichitpajongkit, A (Pichitpajongkit, Aekachan); Lee, S (Lee, Sangjun); Ryu, S (Ryu, Seunghwa); Park, I (Park, Inkyu)	NATURE PHOTONICS	1531	韩国科学技术研究院
2	Layered reduced graphene oxide with nanoscale interlayer gaps as a stable host for lithium metal anodes	Lin, DC (Lin, Dingchang); Liu, YY (Liu, Yayuan); Liang, Z (Liang, Zheng); Lee, HW (Lee, Hyun-Wook); Sun, J (Sun, Jie); Wang, HT (Wang, Haotian); Yan, K (Yan, Kai); Xie, J (Xie, Jin); Cui, Y (Cui, Yi)	NATURE NANOTECHNOLOGY	1252	美国斯坦福大学
3	Design hierarchical electrodes with highly conductive nico2S4 nanotube arrays grown on carbon fiber paper for high–performance pseudocapacitors	Xiao, JW (Xiao, Junwu); Wan, L (Wan, Lian); Yang, SH (Yang, Shihe); Xiao, F (Xiao, Fei); Wang, S (Wang, Shuai)	NANO LETTERS	931	中国华中科技大学
4	Flexible solid–state supercapacitors based on three–dimensional graphene hydrogel films	Xu, YX (Xu, Yuxi); Lin, ZY (Lin, Zhaoyang); Huang, XQ (Huang, Xiaoqing); Liu, Y (Liu, Yuan); Huang, Y (Huang, Yu); Duan, XF (Duan, Xiangfeng)	ACS NANO	906	美国加州大学洛杉矶分校

序号	题目	作者	来源期刊	引用次数	国家/机构（通信作者）
5	Highly conductive and transparent PEDOT:PSS films with a fluorosurfactant for stretchable and flexible transparent electrodes	Vosgueritchian, M (Vosgueritchian, Michael); Lipomi, DJ (Lipomi, Darren J.); Bao, ZA (Bao, Zhenan)	ADVANCED FUNCTIONAL MATERIALS	877	美国斯坦福大学、斯坦福材料和能源研究所
6	Flexible solid-state supercapacitors based on carbon nanoparticles/MnO$_2$ nanorods hybrid structure	Yuan, LY (Yuan, Longyan); Lu, XH (Lu, Xi-Hong); Xiao, X (Xiao, Xu); Zhai, T (Zhai, Teng); Dai, JJ (Dai, Junjie); Zhang, FC (Zhang, Fengchao); Hu, B (Hu, Bin); Wang, X (Wang, Xue); Gong, L (Gong, Li); Chen, J (Chen, Jian); Hu, CG (Hu, Chenguo); Tong, YX (Tong, Yexiang); Zhou, J (Zhou, Jun); Wang, ZL (Wang, Zhong Lin)	ACS NANO	875	中国华中科技大学
7	Wearable multifunctional sensors using printed stretchable conductors made of silver nanowires	Yao, SS (Yao, Shanshan); Zhu, Y (Zhu, Yong)	NANOSCALE	736	美国北卡罗来纳州立大学

序号	题目	作者	来源期刊	引用次数	国家/机构（通信作者）
8	Research progress on conducting polymer-based supercapacitor electrode materials	Meng, QF (Meng, Qiufeng); Cai, KF (Cai, Kefeng); Chen, YX (Chen, Yuanxun); Chen, LD (Chen, Lidong)	NANO ENERGY	692	中国同济大学、中国科学院上海硅酸盐研究所
9	Flexible solid-state supercapacitor based on a metal-organic framework interwoven by electrochemically-deposited PANI	Wang, L (Wang, Lu); Feng, X (Feng, Xiao); Ren, LT (Ren, Lantian); Piao, QH (Piao, Qiuhan); Zhong, JQ (Zhong, Jieqiang); Wang, YB (Wang, Yuanbo); Li, HW (Li, Haiwei); Chen, YF (Chen, Yifa); Wang, B (Wang, Bo)	JOURNAL OF THE AMERICAN CHEMICAL SOCIETY	672	中国北京理工大学
10	Highly stretchable electric circuits from a composite material of silver nanoparticles and elastomeric fibres	Park, M (Park, Minwoo); Im, J (Im, Jungkyun); Shin, M (Shin, Minkwan); Min, Y (Min, Yuho); Park, J (Park, Jaeyoon); Cho, H (Cho, Heesook); Park, S (Park, Soojin); Shim, MB (Shim, Mun-Bo); Jeon, S (Jeon, Sanghun); Chung, DY (Chung, Dae-Young); Bae, J (Bae, Jihyun); Park, J (Park, Jongjin); Jeong, U (Jeong, Unyong); Kim, K (Kim, Kinam)	NATURE NANOTECHNOLOGY	657	韩国延世大学

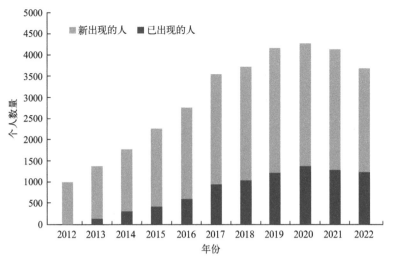

图 3-8　本征柔性电极材料研究领域研究人员变化趋势

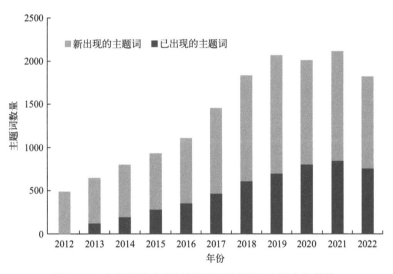

图 3-9　本征柔性电极材料研究领域研究主题变化趋势

全球柔性介电和衬底材料研究领域 1979 篇论文，经专家判读，全球本征柔性介电和衬底材料研究领域密切相关论文 1923 篇。

从发文趋势可以看出：全球柔性和本征柔性电极材料研究领域发文数量相差无几，整体呈现相同增长趋势，2022 年全球本征柔性介电和衬底材料发文数量略超过柔性介电和衬底材料，见图 3-10。

经专家判读的全球本征柔性介电和衬底材料研究领域密切相关论文年发文量从 2012 年的 91 篇，逐年上升至 2021 年的 252 篇，2022 年截止到 10 月已达

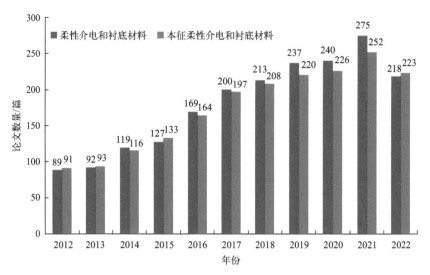

图 3-10　本征柔性介电和衬底材料研究领域全球发文态势

到 223 篇，说明全球本征柔性介电和衬底材料领域研究总体呈持续增长的态势。中国在本征柔性介电和衬底材料研究领域共发表 811 篇论文，论文数量从 2012 年 29 篇逐渐增加，2020 年突破 106 篇，可以看出中国本征柔性介电和衬底材料领域研究总体与全球保持同步增长的态势，见图 3-11。

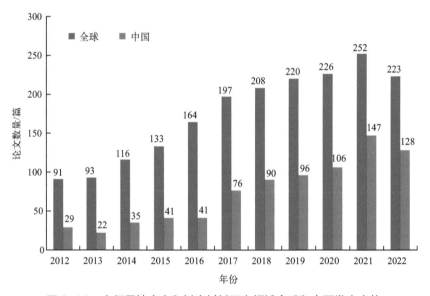

图 3-11　本征柔性介电和衬底材料研究领域全球和中国发文态势

3.1.2.2　主要研究国家分布及合作

对全球本征柔性介电和衬底材料研究领域的国家分布分析发现，共有 55

个国家开展了相关研究，发文量位于前十位的国家分别是：中国、美国、韩国、日本、印度、德国、英国、意大利、澳大利亚和加拿大，这 10 个国家发文量占总论文量的 84.96%，见图 3-12。

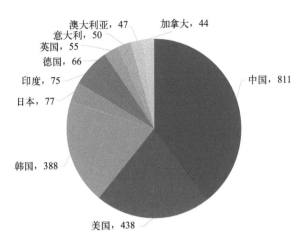

图 3-12　本征柔性介电和衬底材料研究领域发文量前十位国家分布

全球本征柔性介电和衬底材料研究领域发文量位于前十位的国家间合作发文情况（图 3-13）如下：

① 合作发文比例高于 25% 的国家有中国、美国、英国和澳大利亚；

② 与单个国家合作发文 5 篇以上的国家还有韩国、日本、意大利和德国。

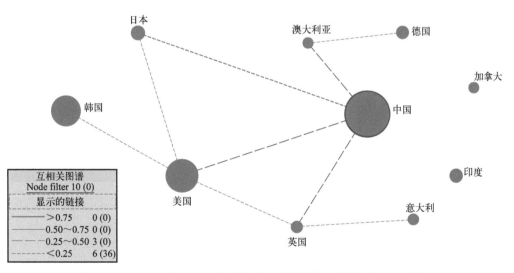

图 3-13　本征柔性介电和衬底材料研究领域发文量前十位国家合作

3.1.2.3　主要研究机构分布及合作

对全球本征柔性介电和衬底材料领域的研究机构进行筛选分析发现，全球本征柔性介电和衬底材料研究领域发文量位于前十位的研究机构分别是：中国清华大学和中国科学院大学，韩国成均馆大学、首尔大学、延世大学、高丽大学和韩国科学技术研究院，以及美国伊利诺伊大学、西北大学和佐治亚理工学院。其中韩国有 5 家机构，美国有 3 家机构，中国有 2 家机构，见表 3-4。

表 3-4　全球本征柔性介电和衬底材料研究领域发文量前十位研究机构

序号	全球研究机构	发文数量 / 篇
1	清华大学	54
2	中国科学院大学	46
3	成均馆大学	42
4	伊利诺伊大学	41
5	首尔大学	39
6	西北大学（美国）	37
7	延世大学	35
8	高丽大学	34
9	佐治亚理工学院	31
10	韩国科学技术研究院	31

中国本征柔性介电和衬底材料研究领域发文量位于前十位的研究机构分别是：清华大学、中国科学院大学、华中科技大学、浙江大学、西安交通大学、天津大学、电子科技大学、台湾大学、华南理工大学和大连理工大学，见表 3-5。

表 3-5　中国本征柔性介电和衬底材料研究领域发文量前十位研究机构

序号	中国研究机构	发文数量 / 篇
1	清华大学	54
2	中国科学院大学	46
3	华中科技大学	29
4	浙江大学	26
5	西安交通大学	23
6	天津大学	22
7	电子科技大学	22
8	台湾大学	21
9	华南理工大学	21
10	大连理工大学	20

分析全球本征柔性介电和衬底材料发文量前十位研究机构相互间的合作情况（图 3-14）可知：

① 合作发文超过 50% 的研究机构有美国西北大学、伊利诺伊大学与中国清华大学，美国佐治亚理工学院与中国科学院大学；

② 与其他研究机构合作发文 3 篇以上的还有韩国科学技术研究院、高丽大学、首尔大学和成均馆大学。

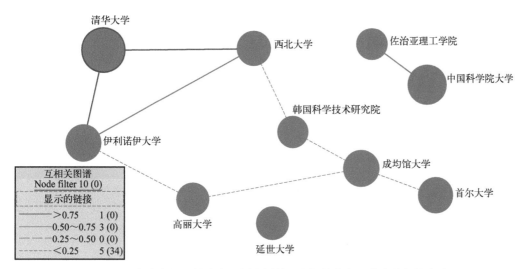

图 3-14　全球本征柔性介电和衬底材料研究领域发文量前十位机构合作

分析中国本征柔性介电和衬底材料发文量前十位研究机构相互间的合作情况（图 3-15）可知：

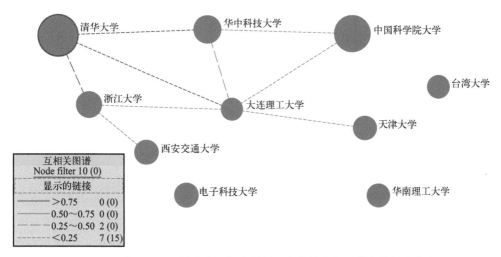

图 3-15　中国本征柔性介电和衬底材料研究领域发文量前十位机构合作

① 合作发文超过 25% 的研究机构有清华大学与浙江大学，华中科技大学

与大连理工大学；

② 与其他研究机构合作发文 3 篇以上的还有西安交通大学、中国科学院大学和天津大学。

3.1.2.4 研究领域热点主题分布

利用 VOSviewer 分析工具，对研究领域论文作者关键词中出现的高频词作共现聚类。图中圆圈越大，关键词出现词频越高，不同颜色代表聚合的不同主题簇。全球本征柔性介电和衬底材料研究领域作者关键词聚类分析见图 3-16。

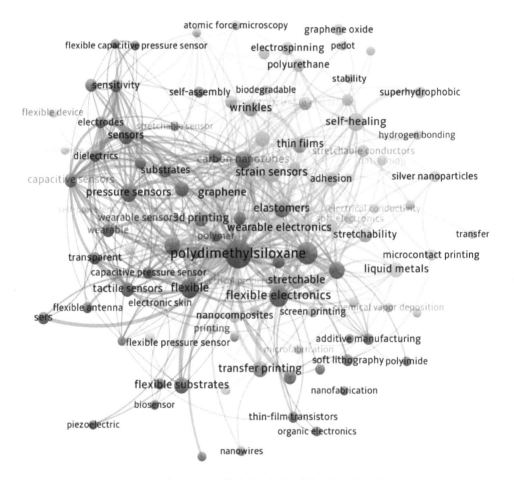

图 3-16　全球本征柔性介电和衬底材料研究领域聚类图谱

（1）红色聚类主题

① 柔性基板、介电层、介质、基质、聚二甲基硅氧烷、自组装、喷墨打印等；

② 柔性传感器、柔性电容式触觉传感器、触觉传感器、电容式传感器、生物传感器、柔性天线、电极、人体运动监控等；

③ 柔性、弯曲、透明、可穿戴、应变、敏感性、高灵敏度、压电、表面增强拉曼散射、微结构等。

（2）绿色聚类主题

① 可拉伸导体、PEDOT、PEDOT: PSS、聚多巴胺、聚氨酯、还原石墨烯氧化物、石墨烯氧化物、银纳米线等；

② 附着力、可生物降解、自愈、稳定、超疏水、涂层、静电纺丝、应变传感器等。

（3）蓝色聚类主题

① 柔性电子、有机电子、印刷电子、可拉伸电子、柔性机器人、可穿戴电子、软电子、可穿戴器件、印刷电路板、薄膜晶体管、超级电容器等；

② 精密加工、增材制造、软光刻、光刻技术、化学汽相淀积、丝网印刷、微触印刷、纳米制造等；

③ 柔性、拉伸性、表面改性、机械性能、超疏水性、微流体、导电性、压敏电阻、图案化等；

④ 水凝胶、聚合物、聚酰亚胺、纳米粒子、银纳米粒子、液体金属等。

（4）黄色聚类主题

① 柔性器件、柔性触觉传感器、可穿戴传感器、电子皮肤、可伸缩传感器、可拉伸电极、摩擦纳米发电机、有机场效应晶体管等；

② 离子凝胶、MXene、弹性体、纳米线、纳米复合材料、纳米结构、石墨烯等；

③ 自供电、电性能、屈曲、起皱、黏弹性、电容等；

④ 印刷、3D 打印、转移印刷等。

3.1.2.5 研究领域主要高被引论文

从全球本征柔性介电和衬底材料研究领域前十位高被引论文分析可以看出：前十位高被引论文被引次数范围是 325 ～ 823 次。其中位居高被引之首的论文是：2014 年，韩国三星和三星综合技术院联合发表在 ADVANCED MATERIALS 的 "Highly stretchable resistive pressure sensors using a conductive elastomeric composite on a micropyramid array"，被引用次数达到 823 次。可以看出全球本征柔性聚合物半导体材料研究领域前十位高被引论文来自美国 6 篇，其中斯坦福大学 3 篇；韩国 2 篇；中国和新加坡各 1 篇。由此可以看出前十位高被引论文数量美国占据绝对优势，见表 3-6。

表 3-6　本征柔性介电和衬底材料研究领域高被引论文

序号	题目	作者	来源期刊	引用次数	国家 / 机构（通信作者）
1	Highly stretchable resistive pressure sensors using a conductive elastomeric composite on a micropyramid array	Choong, CL (Choong, Chwee-Lin); Shim, MB (Shim, Mun-Bo); Lee, BS (Lee, Byoung-Sun); Jeon, S (Jeon, Sanghun); Ko, DS (Ko, Dong-Su); Kang, TH (Kang, Tae-Hyung); Bae, J (Bae, Jihyun); Lee, SH (Lee, Sung Hoon); Byun, KE (Byun, Kyung-Eun); Im, J (Im, Jungkyun); Jeong, YJ (Jeong, Yong Jin); Park, CE (Park, Chan Eon); Park, JJ (Park, Jong-Jin); Chung, UI (Chung, U-In)	ADVANCED MATERIALS	823	韩国三星、三星技术研究院
2	Highly stretchable electric circuits from a composite material of silver nanoparticles and elastomeric fibres	Park, M (Park, Minwoo); Im, J (m, Jungkyun); Shin, M (Shin, Minkwan); Min, Y (Min, Yuho); Park, J (Park, Jaeyoon); Cho, H (Cho, Heesook); Park, S (Park, Soojin); Shim, MB (Shim, Mun–Bo); Jeon, S (Jeon, Sanghun); Chung, DY (Chung, Dae–Young); Bae, J (Bae, Jihyun); Park, J (Park, Jongjin); Jeong, U (Jeong, U.nyong); Kim, K (Kim, Kinam)	NATURE NANOTECHNOLOGY	659	韩国延世大学
3	Stretchable and self-healing polymers and devices for electronic skin	Benight, SJ (Benight, Stephanie J.); Wang, C (Wang, Chao); Tok, JBH (Tok, Jeffrey B. H.); Bao, ZA (Bao, Zhenan)	PROGRESS IN POLYMER SCIENCE	448	美国斯坦福大学

本征柔性电子学领域
发展态势报告

序号	题目	作者	来源期刊	引用次数	国家/机构（通信作者）
4	Electronic properties of transparent conductive films of PEDOT:PSS on stretchable substrates	Lipomi, DJ (Lipomi, Darren J.); Lee, JA (Lee, Jennifer A.); Vosgueritchian, M (Vosgueritchian, Michael); Tee, BCK (Tee, Benjamin C. -K.); Bolander, JA (Bolander, John A.); Bao, ZA (Bao, Zhenan)	CHEMISTRY OF MATERIALS	424	美国 斯坦福大学
5	Sustainably powering wearable electronics solely by biomechanical energy	Wang, J (Wang, Jie); Li, SM (Li, Shengming); Yi, F (Yi, Fang); Zi, YL (Zi, Yunlong); Lin, J (Lin, Jun); Wang, XF (Wang, Xiaofeng); Xu, YL (Xu, Youlong); Wang, ZL (Wang, Zhong Lin)	NATURE COMMUNICATIONS	373	美国 佐治亚理工学院、中国 北京纳米能源与纳米系统研究所
6	Direct writing of gallium–indium alloy for stretchable electronics	Boley, JW (Boley, J. William); White, EL (White, Edward L.); Chiu, GTC (Chiu, George T. -C.); Kramer, RK (Kramer, Rebecca K.)	ADVANCED FUNCTIONAL MATERIALS	363	美国 普渡大学
7	Hybrid 3D printing of soft electronics	Valentine, AD (Valentine, Alexander D.); Busbee, TA (Busbee, Travis A.); Boley, JW (Boley, John William); Raney, JR (Raney, Jordan R.); Chortos, A (Chortos, Alex); Kotikian, A (Kotikian, Arda); Berrigan, JD (Berrigan, John Daniel); Durstock, MF (Durstock, Michael F.); Lewis, JA (Lewis, Jennifer A.)	ADVANCED MATERIALS	351	美国 哈佛大学

序号	题目	作者	来源期刊	引用次数	国家/机构（通信作者）
8	A superhydrophobic smart coating for flexible and wearable sensing electronics	Li, LH (Li, Lianhui); Bai, YY (Bai, Yuanyuan); Li, LL (Li, Lili); Wang, SQ (Wang, Shuqi); Zhang, T (Zhang, Ting)	ADVANCED MATERIALS	345	中国 中国科学院苏州纳米所
9	Tunable flexible pressure sensors using microstructured elastomer geometries for intuitive electronics	Tee, BCK (Tee, Benjamin C. -K.); Chortos, A (Chortos, Alex); Dunn, RR (Dunn, Roger R.); Schwartz, G (Schwartz, Gregory); Eason, E (Eason, Eric); Bao, ZA (Bao, Zhenan)	ADVANCED FUNCTIONAL MATERIALS	335	美国 斯坦福大学
10	Quadruple H-bonding cross-linked supramolecular polymeric materials as substrates for stretchable, antitearing, and self-healable thin film electrodes	Yan, XZ (Yan, Xuzhou); Liu, ZY (Liu, Zhiyuan); Zhang, QH (Zhang, Qiuhong); Lopez, J (Lopez, Jeffrey); Wang, H (Wang, Hui); Wu, HC (Wu, Hung-Chin); Niu, SM (Niu, Simiao); Yan, HP (Yan, Hongping); Wang, SH (Wang, Sihong); Lei, T (Lei, Ting); Li, JH (Li, Junheng); Qi, DP (Qi, Dianpeng); Huang, PG (Huang, Pingao); Huang, JP (Huang, Jianping); Zhang, Y (Zhang, Yu); Wang, YY (Wang, Yuanyuan); Li, GL (Li, Guanglin); Tok, JBH (Tok, Jeffey B. -H.); Chen, XD (Chen, Xiaodong); Bao, ZA (Bao, Zhenan)	JOURNAL OF THE AMERICAN CHEMICAL SOCIETY	325	新加坡 南洋理工大学

3.1.2.6 研究领域研究人员及主题变化

2012—2022 年（截止到 10 月）期间，本征柔性介电和衬底材料研究领域基于年份活跃的研究人员和新出现的研究主题来看，研究领域持续有新的研究人员和新的研究主题进入，整体呈现大幅度快速上升的趋势，说明本征柔性介电和衬底材料研究领域呈现蓬勃发展趋势，属于热门研究领域，见图 3-17 和图 3-18。

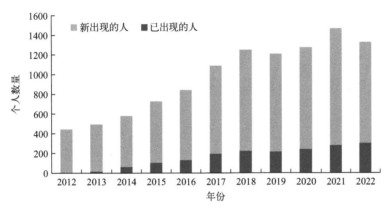

图 3-17　本征柔性介电和衬底材料研究领域研究人员变化趋势

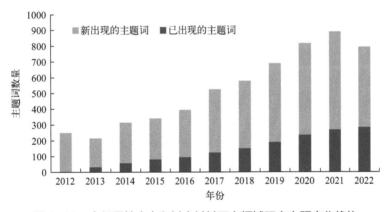

图 3-18　本征柔性介电和衬底材料研究领域研究主题变化趋势

3.1.3　本征柔性聚合物半导体材料

3.1.3.1　研究领域论文发表趋势

2012—2022 年（截止到 10 月）期间，在 SCIE 数据库中基于主题检索到全球柔性聚合物半导体材料研究领域 17975 篇论文，经专家判读，全球本征柔性聚合物半导体材料研究领域密切相关论文 5421 篇。

从发文趋势可以看出：全球柔性聚合物半导体材料研究领域发文量呈现快

速增长趋势，全球本征柔性聚合物半导体材料保持稳步发展，见图3-19。

图 3-19　柔性和本征柔性聚合物半导体材料研究领域全球发文态势

经专家判读的全球本征柔性电极材料研究领域密切相关论文年发文量超过266 篇，2015 年达到 402 篇后，呈逐步上升态势，2021 年发文量超过 835 篇，全球本征柔性聚合物半导体材料领域研究总体保持快速发展趋势。中国在本征柔性聚合物半导体材料研究领域共发表 2172 篇论文，论文数量从 2012 年的 76 篇逐年增加，2015 年突破 119 篇，可以看出中国本征柔性聚合物半导体材料领域研究总体也是呈逐步上升态势，2022 年 10 个月已超过 2021 年全年 375 篇，见图3-20。

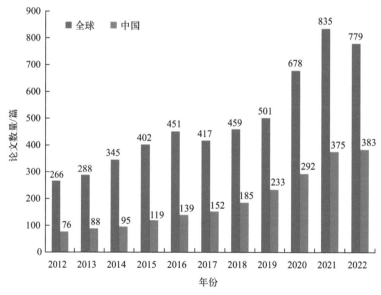

图 3-20　本征柔性聚合物半导体材料研究领域全球和中国发文态势

3.1.3.2 主要研究国家分布及合作

对全球本征柔性聚合物半导体材料研究领域的国家分布分析发现，共有 87 个国家开展了相关研究，发文量位于前十位的国家分别是：中国、美国、韩国、日本、印度、德国、英国、意大利、法国和加拿大，这 10 个国家发文量占总论文量的 75.72%，见图 3-21。

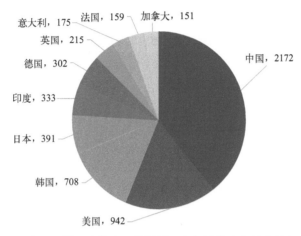

图 3-21　本征柔性聚合物半导体材料研究领域发文量前十位国家分布

全球本征柔性聚合物半导体材料研究领域发文量位于前十位的国家间合作发文情况（图 3-22）如下：

① 合作发文比例高于 25% 的国家有中国、美国、德国和法国；

② 美国与中国、韩国、英国和加拿大合作发文 384 篇；中国与美国、日本、英国和加拿大 381 篇，见图 3-22。

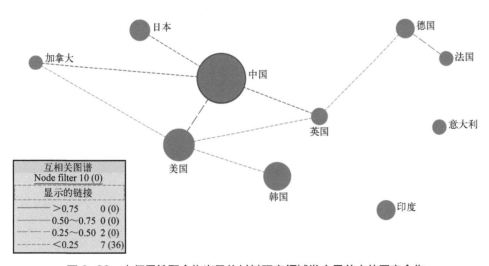

图 3-22　本征柔性聚合物半导体材料研究领域发文量前十位国家合作

3.1.3.3 主要研究机构分布及合作

对全球本征柔性聚合物半导体材料领域的研究机构进行筛选分析发现，全球本征柔性聚合物半导体材料研究领域发文量位于前十位的研究机构分别是：中国的中国科学院大学、中国科学院化学所、台湾大学、四川大学、清华大学和天津大学；韩国的浦项科技大学、延世大学和首尔大学；美国的斯坦福大学。其中中国有 6 家机构，韩国有 3 家机构，美国有 1 家机构，见表 3-7。

表 3-7　全球本征柔性聚合物半导体材料研究领域发文量前十位研究机构

序号	全球研究机构	发文数量 / 篇
1	中国科学院大学	164
2	中国科学院化学所	125
3	浦项科技大学	100
4	台湾大学	93
5	四川大学	73
6	清华大学	73
7	延世大学	70
8	首尔大学	66
9	天津大学	65
10	斯坦福大学	64

中国本征柔性聚合物半导体材料研究领域发文量位于前十位的研究机构分别是：中国科学院大学、中国科学院化学所、台湾大学、四川大学、清华大学、天津大学、北京大学、苏州大学、华南理工大学和上海交通大学，见表 3-8。

表 3-8　中国本征柔性聚合物半导体材料研究领域发文量前十位研究机构

序号	中国研究机构	发文数量 / 篇
1	中国科学院大学	164
2	中国科学院化学所	125
3	台湾大学	93
4	四川大学	73
5	清华大学	73
6	天津大学	65
7	北京大学	63
8	苏州大学	59
9	华南理工大学	58
10	上海交通大学	57

分析全球本征柔性聚合物半导体材料发文量前十位研究机构相互间的合作情况（图3-23）可知：

① 中国科学院化学所与中国科学院大学合作发文比例高于75%；

② 中国科学院化学所与天津大学合作发文比例高于25%；

③ 韩国浦项科技大学、延世大学、首尔大学与美国斯坦福大学和中国台湾大学机构间开展了广泛的合作，合作规模为两家以及多家机构合作；

④ 中国科学院大学和清华大学有合作发文。

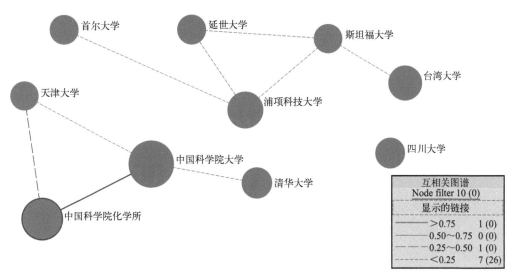

图3-23　全球本征柔性聚合物半导体材料研究领域发文量前十位机构合作

分析中国本征柔性聚合物半导体材料发文量前十位研究机构相互间的合作情况（图3-24）可知：

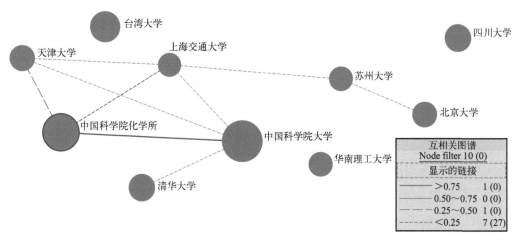

图3-24　中国本征柔性聚合物半导体材料研究领域发文量前十位机构合作

① 中国科学院化学所与中国科学院大学合作发文比例高于75%，与天津

大学合作发文比例高于 25%；

② 中国科学院化学所和中国科学院大学与上海交通大学，中国科学院大学还与清华大学开展了广泛的合作；

③ 苏州大学与上海交通大学和北京大学开展了合作发文。

3.1.3.4　研究领域热点主题分布

利用 VOSviewer 分析工具，对研究领域论文作者关键词中出现的高频词作共现聚类。图中圆圈越大，关键词出现词频越高，不同颜色代表聚合的不同主题簇。全球本征柔性聚合物半导体材料研究领域作者关键词聚类分析见图 3-25。

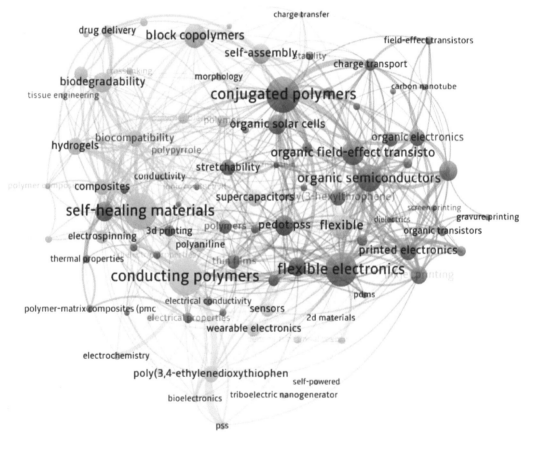

图 3-25　全球本征柔性聚合物半导体材料研究领域聚类图谱

（1）红色聚类主题

① 共轭聚合物、有机半导体、P3HT、半导体聚合物、聚二甲基硅氧烷、PEDOT: PSS 等；

② 场效应晶体管、有机场效应晶体管、有机发光二极管、有机薄膜晶体

管、有机晶体管、薄膜晶体管等；

③ 柔性、柔性器件、柔性电子、可伸缩电子、有机电子、有机光电、印刷电子、聚合物太阳能电池、有机太阳能电池、应变传感器、柔性衬底等；

④ 丝网印刷、3D 打印技术等；

⑤ 稳定、热稳定性、拉伸性、透明、电荷传输、电介质等。

（2）绿色聚类主题

① 复合材料、聚合物、聚合物组分、聚合物复合材料、自修复材料、水凝胶等；

② 生物可降解聚合物、生物材料、组织工程、生物相容性、生物降解性、控制释放、药物输送等；

③ 光致发光、热导率、导电率等。

（3）蓝色聚类主题

① 聚合物基复合材料、聚合物、聚偏二氟乙烯、半导体、导电聚合物、聚吡咯、PSS、嵌段共聚物、自组装等；

② 介电性能、导电性、电气性能、机械性能、热性能、光学性质、离子电导率、电荷转移、形态、阻抗光谱学等。

（4）黄色聚类主题

① 二维材料、聚苯胺等；

② 柔性、自供电、应变力、可穿戴电子、传感器、超级电容器、能量收集、能量储存等。

3.1.3.5　研究领域主要高被引论文

从全球本征柔性聚合物半导体材料研究领域前十位高被引论文分析可以看出：前十位高被引论文被引次数范围是 694～2427 次。其中位居高被引之首的论文是 2012 年中国科学院化学所发表在 ACCOUNTS OF CHEMICAL RESEARCH 的 "Molecular design of photovoltaic materials for polymer solar cells: toward suitable electronic energy levels and broad absorption"，被引用次数达到 2427 次。可以看出全球本征柔性聚合物半导体材料研究领域前十位高被引论文来自美国 5 篇，其中斯坦福 3 篇，北卡罗来纳州立大学 1 篇，伊利诺伊大学、得克萨斯农工大学与瑞士苏黎世联邦理工学院合作 1 篇；中国科学院化学所 2 篇；法国巴黎第十一大学 1 篇；新加坡科学技术研究局、材料与工程研究院 1 篇；英国剑桥大学 1 篇。由此可以看出在前十位高被引论文数量方面美国还是占据半壁江山，见表 3-9。

表 3-9 本征柔性聚合物半导体材料研究领域高被引论文

序号	题目	作者	来源期刊	引用次数	国家 / 机构（通信作者）
1	Molecular design of photovoltaic materials for polymer solar cells: toward suitable electronic energy levels and broad absorption	Li, YF (Li, Yongfang)	ACCOUNTS OF CHEMICAL RESEARCH	2427	中国 中国科学院化学研究所
2	Flexible polymer transistors with high pressure sensitivity for application in electronic skin and health monitoring	Schwartz, G (Schwartz, Gregor); Tee, BCK (Tee, Benjamin C. -K.); Mei, JG (Mei, Jianguo); Appleton, AL (Appleton, Anthony L.); Kim, DH (Kim, Do Hwan); Wang, HL (Wang, Huiliang); Bao, ZN (Bao, Zhenan)	NATURE COMMUNICATIONS	1453	美国 斯坦福大学
3	Rational design of high-performance conjugated polymers for organic solar cells	Zhou, HX (Zhou, Huaxing); Yang, LQ (Yang, Liqiang); You, W (You, Wei)	MACROMOLECULES	1343	美国 北卡罗来纳大学
4	Skin electronics from scalable fabrication of an intrinsically stretchable transistor array	Wang, SH (Wang, Sihong); Xu, J (Xu, Jie); Wang, WC (Wang, Weichen); Wang, GJN (Wang, Ging-Ji Nathan); Rastak, R (Rastak, Reza); Molina-Lopez, F (Molina-Lopez, Francisco); Chung, JW (Chung, Jong Won); Niu, SM (Niu, Simiao); Feig, VR (Feig, Vivian R.); Lopez, J (Lopez, Jeffery); Lei, T (Lei, Ting); Kwon, SK (Kwon, Soon-Ki); Kim, Y (Kim, Yeongin); Foudeh, AM (Foudeh, Amir M.); Ehrlich, A (Ehrlich, Anatol); Gasperini, A (Gasperini, Andrea); Yun, Y (Yun, Youngjun); Murmann, B (Murmann, Boris); Tok, JBH (Tok, Jeffrey B. -H.); Bao, ZA (Bao, Zhenan)	NATURE	1105	美国 斯坦福大学

序号	题目	作者	来源期刊	引用次数	国家/机构（通信作者）
5	Design, functionalization strategies and biomedical applications of targeted biodegradable/biocompatible polymer-based nanocarriers for drug delivery	Nicolas, J (Nicolas, Julien); Mura, S (Mura, Simona); Brambilla, D (Brambilla, Davide); Mackiewicz, N (Mackiewicz, Nicolas); Couvreur, P (Couvreur, Patrick)	CHEMICAL SOCIETY REVIEWS	942	法国 巴黎第十一大学
6	Lab-on-skin: a review of flexible and stretchable electronics for wearable health monitoring	Liu, Y (Liu, Yuhao); Pharr, M (Pharr, Matt); Salvatore, GA (Salvatore, Giovanni Antonio)	ACS NANO	869	美国 伊利诺伊大学、得克萨斯农工大学、瑞士苏黎世联邦理工学院
7	Intrinsically stretchable and healable semiconducting polymer for organic transistors	Oh, JY (Oh, Jin Young); Rondeau-Gagne, S (Rondeau-Gagne, Simon); Chiu, YC (Chiu, Yu-Cheng); Chortos, A (Chortos, Alex); Lissel, F (Lissel, Franziska); Wang, GJN (Wang, Ging-Ji Nathan); Schroeder, BC (Schroeder, Bob C.); Kurosawa, T (Kurosawa, Tadanori); Lopez, J (Lopez, Jeffrey); Katsumata, T (Katsumata, Toru); Xu, J (Xu, Jie); Zhu, CX (Zhu, Chenxin); Gu, XD (Gu, Xiaodan); Bae, WG (Bae, Won-Gyu); Kim, Y (Kim, Yeongin); Jin, LH (Jin, Lihua); Chung, JW (Chung, Jong Won); Tok, JBH (Tok, Jeffrey B. -H.); Bao, ZN (Bao, Zhenan)	NATURE	776	美国 斯坦福大学

序号	题目	作者	来源期刊	引用次数	国家/机构（通信作者）
8	A stable solution-processed polymer semiconductor with record high-mobility for printed transistors	Li, J (Li, Jun); Zhao, Y (Zhao, Yan); Tan, HS (Tan, Huei Shuan); Guo, YL (Guo, Yunlong); Di, CA (Di, Chong-An); Yu, G (Yu, Gui); Liu, YQ (Liu, Yunqi); Lin, M (Lin, Ming); Lim, SH (Lim, Suo Hon); Zhou, YH (Zhou, Yuhua); Su, HB (Su, Haibin); Ong, BS (Ong, Beng S.)	SCIENTIFIC REPORTS	749	新加坡 科学技术研究局、材料与工程研究院
9	Advances of flexible pressure sensors toward artificial intelligence and health care applications	Zang, YP (Zang, Yaping); Zhang, FJ (Zhang, Fengjiao); Di, CA (Di, Chong-an); Zhu, DB (Zhu, Daoben)	MATERIALS HORIZONS	739	中国 中国科学院化学研究所
10	Approaching disorder-free transport in high-mobility conjugated polymers	Venkateshvaran, D (Venkateshvaran, Deepak); Nikolka, M (Nikolka, Mark); Sadhanala, A (Sadhanala, Aditya); Lemaur, V (Lemaur, Vincent); Zelazny, M (Zelazny, Mateusz); Kepa, M (Kepa, Michal); Hurhangee, M (Hurhangee, Michael); Kronemeijer, AJ (Kronemeijer, Auke Jisk); Pecunia, V (Pecunia, Vincenzo); Nasrallah, I (Nasrallah, Iyad); Romanov, I (Romanov, Igor); Broch, K (Broch, Katharina); McCulloch, I (McCulloch, Iain); Emin, D (Emin, David); Olivier, Y (Olivier, Yoann); Cornil, J (Cornil, Jerome); Beljonne, D (Beljonne, David); Sirringhaus, H (Sirringhaus, Henning)	NATURE	694	英国 剑桥大学

3.1.3.6　研究领域研究人员及主题变化

2012—2022 年（截止到 10 月）期间，本征柔性聚合物半导体材料研究领域基于年份活跃的研究人员和新出现的研究主题来看，研究领域持续有新的研究人员和新的研究主题进入，整体呈现大幅度增长的趋势，说明本征柔性聚合物半导体材料研究领域呈现蓬勃发展趋势，属于热门研究领域，见图 3-26 和图 3-27。

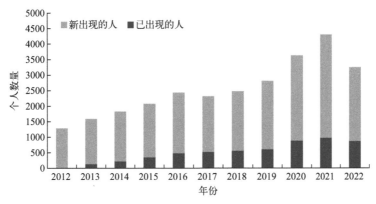

图 3-26　本征柔性聚合物半导体材料研究领域研究人员变化趋势

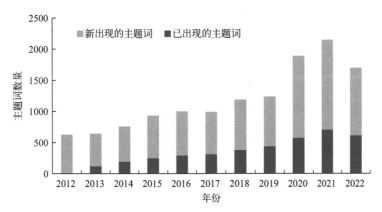

图 3-27　本征柔性聚合物半导体材料研究领域研究主题变化趋势

3.2
器件

3.2.1　聚合物半导体晶体管

3.2.1.1　研究领域论文发表趋势

1986—2022 年（截止到 10 月）期间，在 SCIE 数据库中基于主题检索到全球有机半导体晶体管研究领域 26077 篇论文，经专家判读，全球聚合物半导体晶体管研究领域密切相关论文 7174 篇。

从研究领域的发文趋势可以看出：全球有机半导体晶体管和聚合物半导体晶体管研究领域整体均呈现增长趋势。全球有机半导体晶体管研究领域 1998 年发文量达到 100 篇后，保持持续快速增长，2016 年发文达到 1859 篇，2009—2022 年（截止到 10 月）一直保持在 1070 ～ 1859 篇之间；全球聚合物半导体晶体管研究领域 2004 年发文量达到 127 篇后，保持稳步增长，2022 年截止到 10 月发文达到 590 篇，2004—2022 年一直保持在 127 ～ 590 篇之间，见图 3-28。

经专家判读的全球本征柔性聚合物半导体晶体管研究领域密切相关论文的第一篇论文是 TSUMURA, A 于 1986 年发表在 APPLIED PHYSICS LETTERS 上的，题为 "Macromolecular electronic device - field-effect transistor with a polythiophene thin-film"。1986—2003 年，论文篇数少于 100 篇，处于研究萌芽阶段；2004—2011 年，论文篇数少于 300 篇，处于研究成长阶段；2012 年突破 341 篇后，发文量快速增长，2022 年 10 个月论文数量超过 2021 年，达到 590 篇，说明全球聚合物半导体晶体管领域研究总体处于快速发展阶段。中国在聚合物半导体晶体管研究领域共发表 1920 篇论文，起步于 1998 年，2014 年突破 103 篇后，论文数量逐年增加，2021 年突破 222 篇，可以看出中国聚合物半导体晶体管领域研究总体仍保持上升态势，见图 3-29。

3.2.1.2　主要研究国家分布及合作

对全球聚合物半导体晶体管研究领域的国家分布分析发现，共有 73 个国家开展了相关研究，发文量位于前十位的国家分别是：中国、美国、韩国、日本、德国、英国、意大利、法国、印度和加拿大，这 10 个国家发文量占总论文量的 80.13%，见图 3-30。

全球聚合物半导体晶体管研究领域发文量位于前十位的国家间合作发文情况（图 3-31）如下：

① 与其他国家合作发文数量超过 300 篇的有中国、美国和韩国，其中美国与中国、韩国、英国和德国合作发文 477 篇，中国与美国、韩国、日本和英国合作发文 399 篇，韩国与美国、中国、英国和日本合作发文 322 篇；

② 合作发文比例低于 25%，但合作发文数量超过 36 篇的国家有中国、美国、韩国、法国、德国、意大利、英国和加拿大。

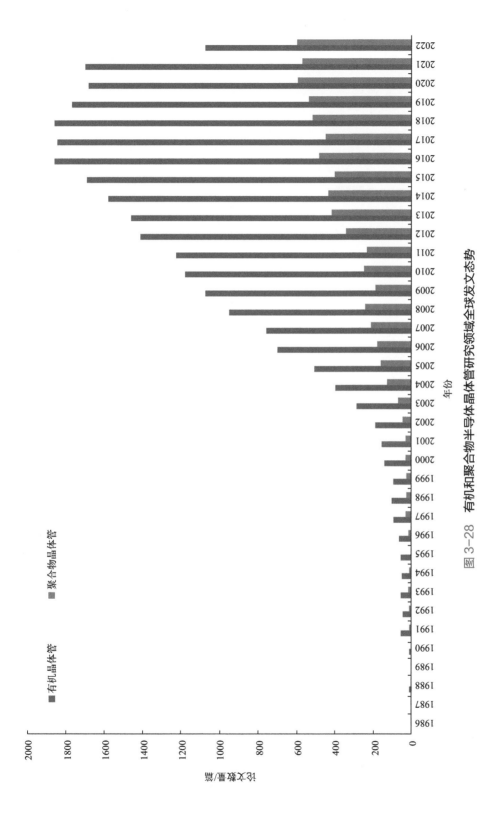

图3-28　有机和聚合物半导体晶体管研究领域全球发文态势

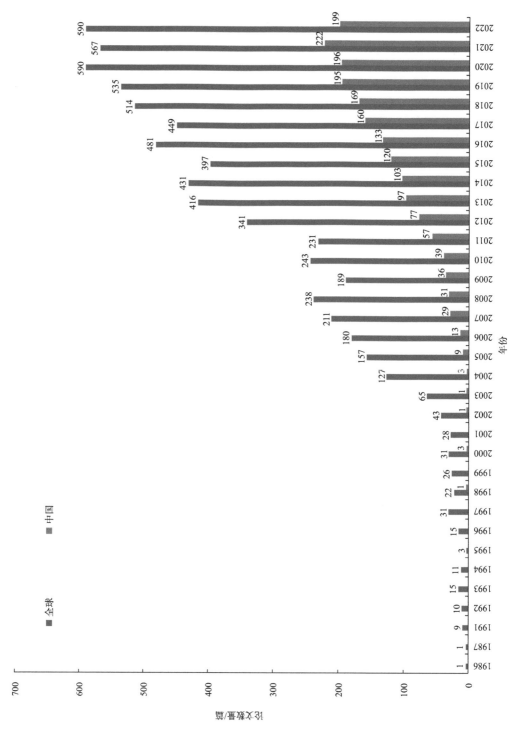

图 3-29　聚合物半导体晶体管研究领域全球和中国发文态势

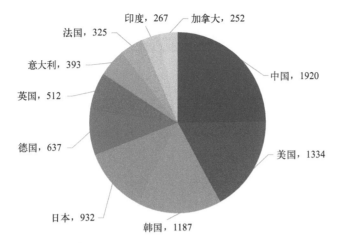

图 3-30　本征柔性聚合物半导体晶体管研究领域发文量前十位国家分布

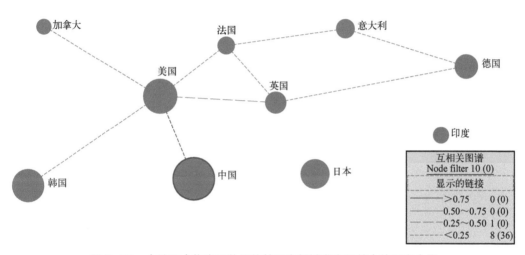

图 3-31　全球聚合物半导体晶体管研究领域发文量前十位国家合作

3.2.1.3　主要研究机构分布及合作

对全球聚合物半导体晶体管领域的研究机构进行筛选分析发现，全球本征柔性聚合物半导体晶体管研究领域发文量位于前十位的研究机构分别是：中国科学院化学所、中国科学院大学、英国剑桥大学和帝国理工学院、日本东京大学、美国斯坦福大学、韩国首尔大学和浦项科技大学、中国天津大学和台湾大学。其中中国有 4 家机构；英国和韩国各有 2 家机构；美国和日本各有 1 家机构，见表 3-10。

中国聚合物半导体晶体管研究领域发文量位于前十位的研究机构分别是：中国科学院化学所、中国科学院大学、天津大学、台湾大学、北京大学、阳明交通大学、复旦大学、上海交通大学、华南理工大学和福州大学，见表 3-11。

表 3-10　全球聚合物半导体晶体管研究领域发文量前十位研究机构

序号	全球研究机构	发文数量 / 篇
1	中国科学院化学所	313
2	中国科学院大学	222
3	剑桥大学	157
4	帝国理工学院	156
5	东京大学	144
6	斯坦福大学	142
7	首尔大学	124
8	浦项科技大学	116
9	天津大学	114
10	台湾大学	113

表 3-11　中国聚合物半导体晶体管研究领域发文量前十位研究机构

序号	中国研究机构	发文数量 / 篇
1	中国科学院化学所	313
2	中国科学院大学	222
3	天津大学	114
4	台湾大学	113
5	北京大学	97
6	阳明交通大学	75
7	复旦大学	65
8	上海交通大学	62
9	华南理工大学	60
10	福州大学	54

分析全球聚合物半导体晶体管发文量前十位研究机构相互间的合作情况（图 3-22）可以看出：

① 中国科学院化学所与中国科学院大学和天津大学有合作发文，且合作发文数量超过 25%；

② 美国斯坦福大学与英国剑桥大学和帝国理工学院、韩国首尔大学和中国台湾大学有合作发文；

③ 英国帝国理工学院与剑桥大学、美国斯坦福大学和中国天津大学有合作发文。

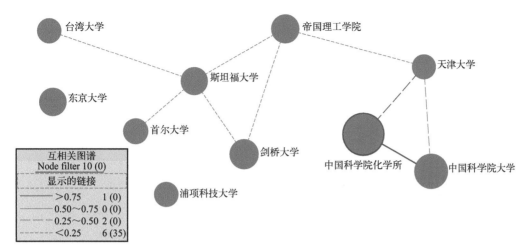

图 3-32　全球聚合物半导体晶体管研究领域发文量前十位机构合作

分析中国聚合物半导体晶体管发文量前十位研究机构相互间的合作情况（图 3-33）可看出：

① 中国科学院化学所与中国科学院大学、天津大学、北京大学和上海交通大学有合作发文；

② 台湾大学与阳明交通大学有合作发文。

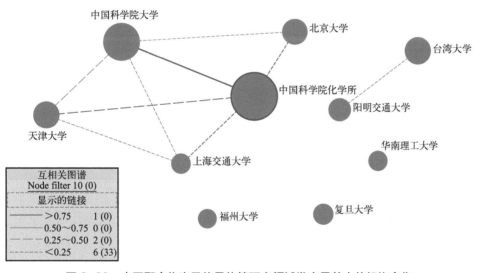

图 3-33　中国聚合物半导体晶体管研究领域发文量前十位机构合作

3.2.1.4　研究领域热点主题分布

利用 VOSviewer 分析工具，对研究领域论文作者关键词中出现的高频词作共现聚类。图中圆圈越大，关键词出现词频越高，不同颜色代表聚合的不同主题簇。全球聚合物半导体晶体管研究领域作者关键词聚类分析见图 3-34。

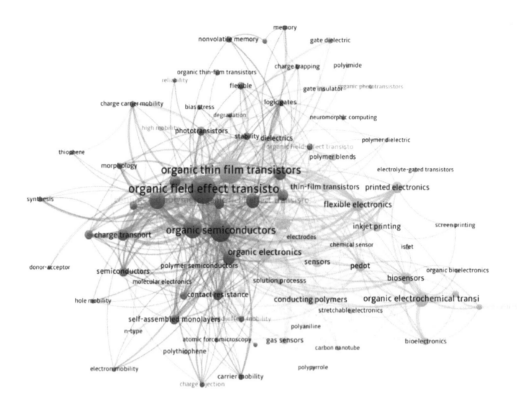

图 3-34 全球聚合物半导体晶体管研究领域聚类图谱

（1）红色聚类主题

① P3HT、有机半导体、聚合物、自组装单层膜等；

② 薄膜晶体管、有机场效应晶体管、有机薄膜晶体管、光电晶体管、内存、忆阻器等；

③ 场效应迁移率、电子迁移率、载流子迁移率、电荷捕获、电荷注入等；

④ 可靠性、稳定性、降解、柔性、神经网络计算等。

（2）绿色聚类主题

① PEDOT、PEDOT: PSS、聚合物混合物、聚合物电介质等；

② 柔性电子、有机生物电子、生物电子学、印刷电子、生物传感器、化学传感器、有机电化学晶体管、栅极晶体管、ISFET 等；

③ 丝网印刷等。

（3）蓝色聚类主题

① 共轭聚合物、聚酰亚胺、聚合物半导体、n 型、噻吩、半导体聚合物、吡咯并吡咯二酮等；

② 栅介电层、栅绝缘、介电层、电极、电荷载流子迁移率、电荷传输等；

③ 流动性、形态、高迁移率、空穴迁移率、亲水性等；

④ 有机光电晶体管、有机场效应晶体管、有机薄膜晶体管、薄膜晶体管、场效应晶体管等。

（4）黄色聚类主题

① 导电聚合物、聚苯胺、聚吡咯、聚噻吩、自组装等；

② 有机晶体管、电化学晶体管、场效应晶体管、薄膜晶体管等；

③ 可拉伸电子、有机电子、分子电子、气体传感器等。

3.2.1.5 研究领域主要高被引论文

从全球聚合物半导体晶体管研究领域前十位高被引论文分析可以看出：前十位高被引论文被引次数范围是 1242 ～ 4033 次。其中位居高被引之首的论文是 1999 年英国剑桥大学发表在 NATURE 的 "Two-dimensional charge transport in self-organized, high-mobility conjugated polymers"，被引用次数达到 4033 次。可以看出全球聚合物半导体晶体管研究领域前十位高被引论文来自英国 5 篇，均为剑桥大学发表；美国 3 篇；法国 2 篇。由此可以看出在前十位高被引论文数量方面英国占据半壁江山，见表 3-12。

3.2.1.6 研究领域研究人员及主题变化

2012—2022 年（截止到 10 月）期间，聚合物半导体晶体管研究领域基于年份活跃的研究人员和新出现的研究主题来看，研究领域持续有新的研究人员和新的研究主题进入，整体呈现快速上升的趋势，说明聚合物半导体晶体管研究领域呈现蓬勃发展趋势，属于热门研究领域，见图 3-35 和图 3-36。

3.2.2 本征柔性聚合物半导体晶体管

3.2.2.1 研究领域论文发表趋势

2012—2022 年（截止到 10 月）期间，在 SCIE 数据库中基于主题检索到全球柔性聚合物半导体晶体管研究领域 8092 篇论文，经专家判读，全球本征柔性聚合物半导体晶体管研究领域密切相关论文 4668 篇。

从发文趋势可以看出：全球柔性和本征柔性聚合物半导体晶体管研究领域整体均呈现稳步增长趋势，见图 3-37。

表3-12　聚合物半导体晶体管研究领域高被引论文

序号	题目	作者	来源期刊	引用次数	国家/机构（通信作者）
1	Two-dimensional charge transport in self-organized, high-mobility conjugated polymers	Sirringhaus, H (Sirringhaus, H); Brown, PJ (Brown, PJ); Friend, RH (Friend, RH); Nielsen, MM (Nielsen, MM); Bechgaard, K (Bechgaard, K); Langeveld-Voss, BMW (Langeveld-Voss, BMW); Spiering, AJH (Spiering, AJH); Janssen, RAJ (Janssen, RAJ); Meijer, EW (Meijer, EW); Herwig, P (Herwig, P); de Leeuw, DM (de Leeuw, DM)	NATURE	4033	英国 剑桥大学
2	High-resolution inkjet printing of all-polymer transistor circuits	Sirringhaus, H (Sirringhaus, H); Kawase, T (Kawase, T); Friend, RH (Friend, RH); Shimoda, T (Shimoda, T); Inbasekaran, M (Inbasekaran, M); Wu, W (Wu, W); Woo, EP (Woo, EP)	SCIENCE	2812	英国 剑桥大学
3	Integrated optoelectronic devices based on conjugated polymers	Sirringhaus, H (Sirringhaus, H); Tessler, N (Tessler, N); Friend, RH (Friend, RH)	SCIENCE	2539	英国 剑桥大学
4	A high-mobility electron-transporting polymer for printed transistors	Yan, H (Yan, He); Chen, ZH (Chen, Zhihua); Zheng, Y (Zheng, Yan); Newman, C (Newman, Christopher); Quinn, JR (Quinn, Jordan R.); Dotz, F (Dotz, Florian); Kastler, M (Kastler, Marcel); Facchetti, A (Facchetti, Antonio)	NATURE	2513	美国 Northwestern University；Flexterra Corp
5	Organic field-effect transistors	Horowitz, G (Horowitz, G)	ADVANCED MATERIALS	2245	法国 国家科学研究中心

序号	题目	作者	来源期刊	引用次数	国家/机构（通信作者）
6	General observation of n-type field-effect behaviour in organic semiconductors	Chua, LL (Chua, LL); Zaumseil, J (Zaumseil, J); Chang, JF (Chang, JF); Ou, ECW (Ou, ECW); Ho, PKH (Ho, PKH); Sirringhaus, H (Sirringhaus, H); Friend, RH (Friend, RH)	NATURE	2029	英国 剑桥大学
7	Soluble and processable regioregular poly(3-hexylthiophene) for thin film field-effect transistor applications with high mobility	Bao, Z (Bao, Z); Dodabalapur, A (Dodabalapur, A); Lovinger, AJ (Lovinger, AJ)	APPLIED PHYSICS LETTERS	1598	美国 斯坦福大学
8	Device physics of Solution-processed organic field-effect transistors	Sirringhaus, H (Sirringhaus, H)	ADVANCED MATERIALS	1513	英国 剑桥大学
9	Flexible polymer transistors with high pressure sensitivity for application in electronic skin and health monitoring	Schwartz, G (Schwartz, Gregor); Tee, BCK (Tee, Benjamin C. -K.); Mei, JG (Mei, Jianguo); Appleton, AL (Appleton, Anthony L.); Kim, DH (Kim, Do Hwan); Wang, HL (Wang, Huiliang); Bao, ZN (Bao, Zhenan)	NATURE COMMUNICATIONS	1449	美国 斯坦福大学
10	All-polymer field-effect transistor realized by printing techniques	GARNIER, F (GARNIER, F); HAJLAOUI, R (HAJLAOUI, R); YASSAR, A (YASSAR, A); SRIVASTAVA, P (SRIVASTAVA, P)	SCIENCE	1242	法国 国家科学研究中心

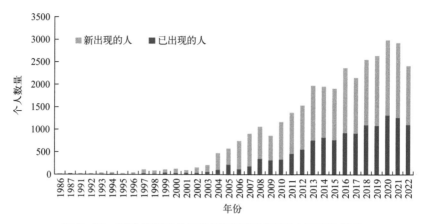

图 3-35　聚合物半导体晶体管研究领域研究人员变化趋势

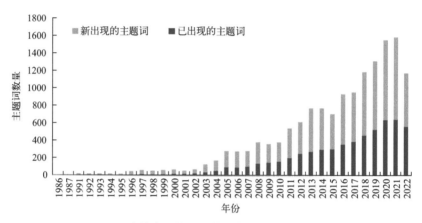

图 3-36　聚合物半导体晶体管研究领域研究主题变化趋势

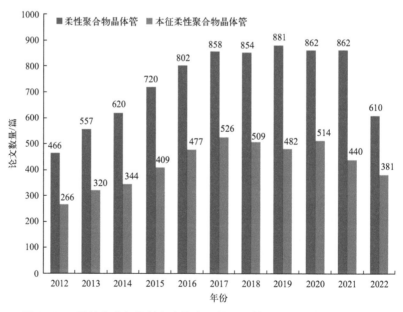

图 3-37　柔性和本征柔性聚合物半导体晶体管研究领域全球发文态势

经专家判读的全球本征柔性聚合物半导体晶体管研究领域密切相关论文年发文量超过266篇，其中2017年、2018年和2021年发文量超过509篇，2021年发文量略有减少，从发文数量上看，全球本征柔性聚合物半导体晶体管领域研究总体处于发展期。中国在本征柔性聚合物半导体晶体管研究领域共发表1567篇论文，论文数量从2012年55篇缓慢增加，2018年和2019年达到195篇，可以看出中国本征柔性聚合物半导体晶体管领域研究与全球同处于发展期，见图3-38。

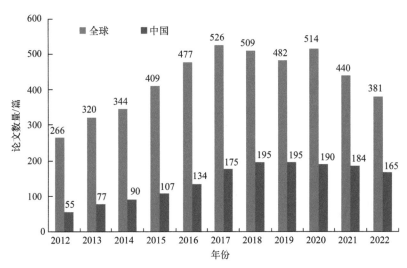

图3-38 本征柔性聚合物半导体晶体管研究领域全球和中国发文态势

3.2.2.2 主要研究国家分布及合作

对全球本征柔性聚合物半导体晶体管研究领域的国家分布分析发现，共有68个国家开展了相关研究，发文量位于前十位的国家分别是：中国、韩国、美国、日本、德国、意大利、英国、印度、法国和加拿大，这10个国家发文量占总论文量的82.46%，见图3-39。

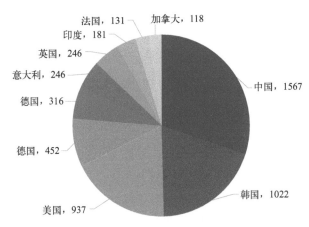

图3-39 本征柔性聚合物半导体晶体管研究领域发文量前十位国家分布

全球本征柔性聚合物半导体晶体管研究领域发文量位于前十位的国家间合作发文情况（图 3-40）如下：

① 合作发文比例日本和印度低于发文总量的 25%；

② 其他 8 个国家间合作发文量均超过发文总量的 25%。说明该研究领域的国际合作非常密切。

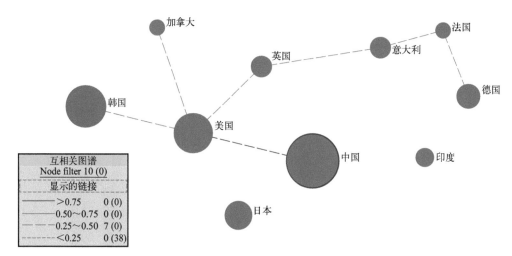

图 3-40　本征柔性聚合物半导体晶体管研究领域发文量前十位国家合作

3.2.2.3　主要研究机构分布及合作

对全球本征柔性聚合物半导体晶体管领域的研究机构进行筛选分析发现，全球本征柔性聚合物半导体晶体管研究领域发文量位于前十位的研究机构分别是：中国科学院化学研究所、韩国浦项理工大学、韩国成均馆大学、中国科学院温州研究所、韩国首尔国立大学、韩国延世大学、日本东京大学、韩国科学技术研究院，以及美国斯坦福大学和西北大学。其中韩国有 5 家机构，中国和美国各有 2 家机构，日本有 1 家机构，见表 3-13。

表 3-13　全球本征柔性聚合物半导体晶体管研究领域发文量前十位研究机构

序号	全球研究机构	发文数量 / 篇
1	中国科学院化学研究所	160
2	浦项理工大学	151
3	韩国成均馆大学	146
4	中国科学院温州研究所	143
5	首尔大学	123
6	延世大学	100

序号	全球研究机构	发文数量 / 篇
7	东京大学	92
8	韩国科学技术研究院	91
9	斯坦福大学	91
10	西北大学	78

中国本征柔性聚合物半导体晶体管研究领域发文量位于前十位的研究机构分别是：中国科学院化学研究所、中国科学院温州研究所、清华大学、台湾大学、北京大学、苏州大学、天津大学、复旦大学、南京大学和上海交通大学，见表 3-14。

表 3-14 中国本征柔性聚合物半导体晶体管研究领域发文量前十位研究机构

序号	中国研究机构	发文数量 / 篇
1	中国科学院化学研究所	160
2	中国科学院温州研究所	143
3	清华大学	74
4	台湾大学	71
5	北京大学	70
6	苏州大学	61
7	天津大学	61
8	复旦大学	52
9	南京大学	50
10	上海交通大学	48

分析全球本征柔性聚合物半导体晶体管发文量前十位研究机构相互间的合作情况（图 3-41）可知：

① 中国科学院化学所与中国科学院大学有密切合作，合作发文超过 75% ；

② 韩国浦项理工大学与首尔大学、延世大学与成均馆大学合作发文在 25% ～ 50% ；

③ 韩国浦项理工大学、首尔大学、延世大学、成均馆大学和韩国科学技术研究院之间均有合作发文。

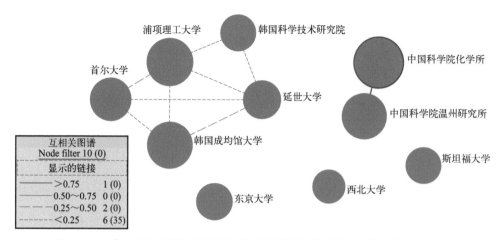

图 3-41　全球本征柔性聚合物半导体晶体管研究领域发文量前十位机构合作

分析中国本征柔性聚合物半导体晶体管发文量前十位研究机构相互间的合作情况（图 3-42）可知：

① 中国科学院化学所与中国科学院大学有密切合作，合作发文超过 75%；

② 中国科学院化学所和天津大学合作发文超过 50%；

③ 中国科学院化学所、中国科学院大学、天津大学、上海交通大学、清华大学之间也有发文合作。

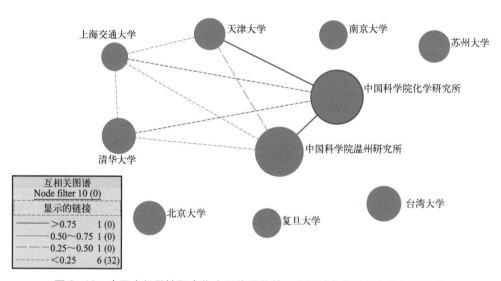

图 3-42　中国本征柔性聚合物半导体晶体管研究领域发文量前十位机构合作

3.2.2.4　研究领域热点主题分布

利用 VOSviewer 分析工具，对研究领域论文作者关键词中出现的高频词作共现聚类。图中圆圈越大，关键词出现词频越高，不同颜色代表聚合的不同主题簇。全球本征柔性聚合物半导体晶体管研究领域作者关键词聚类分析见图 3-43。

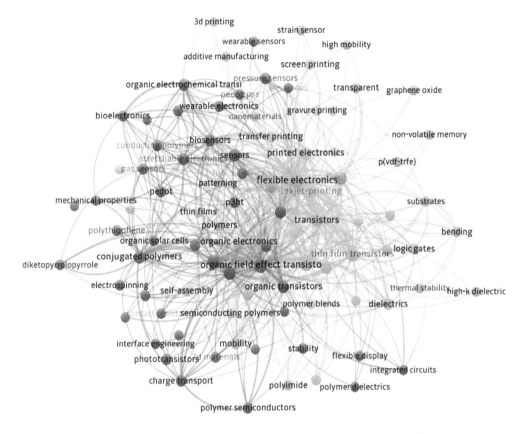

图 3-43　全球本征柔性聚合物半导体晶体管研究领域聚类图谱

（1）红色聚类主题

① 有机生物电子学、有机光电、生物电子学等；

② 可伸缩的电子产品、有机太阳能电池、柔性显示、气体传感器、有机电化学晶体管、有机场效应晶体管、场效应晶体管、有机晶体管、集成电路、生物传感器、pH 传感器等；

③ 导电聚合物、共轭聚合物、有机半导体、聚合物电介质、聚合物半导体、P3HT、PEDOT、PEDOT：PSS、聚噻吩、吡咯并吡咯二酮等；

④ 机械性能、形态、电荷传输等。

（2）绿色聚类主题

① 可弯曲、柔性电子产品、有机薄膜晶体管、突触晶体管、薄膜晶体管、非易失性存储器等；

② 柔性基板、栅极介电层、高介电常数、电介质、基板等；

③ 聚酰亚胺、纳米线等；

④ 应变、热稳定性、迁移率等。

（3）蓝色聚类主题

① 二维材料、纳米材料、半导体、自组装单层膜、p (vdf-trfe)、石墨烯、石墨烯氧化物等；

② 3D 打印技术、增材制造、印刷电子产品、卷对卷、丝网印刷、转移印刷、喷墨打印、凹版印刷等；

③ 柔性器件、柔性传感器、柔性晶体管、光电设备、光电探测器、光电晶体管、压力传感器、可穿戴电子产品、可穿戴式传感器、应变传感器、非易失性内存、电极等；

④ 柔性、透明、高迁移率、电子皮肤、界面工程等。

（4）黄色聚类主题

① 柔性、生物相容性、高迁移率、高性能、机械稳定性；

② 聚合物、溶液法工艺、双电层；

③ 柔性电子、可拉伸电子、透明电子、有机晶体管、突触晶体管、触觉传感器、薄膜晶体管；

④ 凹版印刷、卷对卷等。

3.2.2.5 研究领域主要高被引论文

从全球本征柔性聚合物半导体晶体管研究领域前十位高被引论文分析可以看出：前十位高被引论文被引次数范围是 813～1824 次。其中位居高被引之首的论文是 2014 年英国剑桥大学发表在 ADVANCED MATERIALS 的 "25th anniversary article: organic field-effect transistors: the path beyond amorphous silicon"，被引用次数达到 1824 次。可以看出全球本征柔性聚合物半导体晶体管研究领域前十位高被引论文来自美国斯坦福大学 6 篇，英国剑桥大学、美国佐治亚理工学院和加州大学伯克利分校，以及韩国中央大学各 1 篇。由此可以看出在前十位高被引论文数量方面美国占据绝对优势，见表 3-15。

3.2.2.6 研究领域研究人员及主题变化

2012—2022 年（截止到 10 月）期间，本征柔性聚合物半导体晶体管研究领域基于年份活跃的研究人员和新出现的研究主题来看，研究领域持续有新的研究

表 3-15 本征柔性聚合物半导体晶体管研究领域高被引论文

序号	题目	作者	来源期刊	引用次数	国家/机构（通信作者）
1	25th anniversary article: organic field-effect transistors: the path beyond amorphous silicon	Sirringhaus, Henning	ADVANCED MATERIALS	1824	英国 剑桥大学
2	A universal method to produce low-work function electrodes for organic electronics	Zhou, Yinhua; Fuentes-Hernandez, Canek; Shim, Jaewon; Meyer, Jens; Giordano, Anthony J.; Li, Hong; Winget, Paul; Papadopoulos, Theodoros; Cheun, Hyeunseok; Kim, Jungbae; Fenoll, Mathieu; Dindar, Amir; Haske, Wojciech; Najafabadi, Ehsan; Khan, Talha M.; Sojoudi, Hossein; Barlow, Stephen; Graham, Samuel; Bredas, Jean-Luc; Marder, Seth R.; Kahn, Antoine; Kippelen, Bernard	SCIENCE	1700	美国 佐治亚理工学院
3	25th anniversary article: the evolution of electronic skin (e-skin): a brief history, design considerations, and recent progress	Hammock, Mallory L.; Chortos, Alex; Tee, Benjamin C-K; Tok, Jeffrey B-H; Bao, Zhenan	ADVANCED MATERIALS	1671	美国 斯坦福大学

序号	题目	作者	来源期刊	引用次数	国家/机构（通信作者）
4	Flexible polymer transistors with high pressure sensitivity for application in electronic skin and health monitoring	Schwartz, Gregor; Tee, Benjamin C.-K.; Mei, Jianguo; Appleton, Anthony L.; Kim, Do Hwan; Wang, Huiliang; Bao, Zhenan	NATURE COMMUNICATIONS	1482	美国 斯坦福大学
5	Skin electronics from scalable fabrication of an intrinsically stretchable transistor array	Wang, Sihong; Xu, Jie; Wang, Weichen; Wang, Ging-Ji Nathan; Rastak, Reza; Molina-Lopez, Francisco; Chung, Jong Won; Niu, Simiao; Feig, Vivian R.; Lopez, Jeffery; Lei, Ting; Kwon, Soon-Ki; Kim, Yeongin; Foudeh, Amir M.; Ehrlich, Anatol; Gasperini, Andrea; Yun, Youngjun; Murmann, Boris; Tok, Jeffery B.-H.; Bao, Zhenan	NATURE	1191	美国 斯坦福大学
6	User-interactive electronic skin for instantaneous pressure visualization	Wang, C; Hwang, D; Yu, ZB; Takei, K; Park, J; Chen, T; Ma, BW; Javey, A	NATURE MATERIALS	907	美国 加州大学伯克利分校

序号	题目	作者	来源期刊	引用次数	国家/机构（通信作者）
7	A non-volatile organic electrochemical device as a low-voltage artificial synapse for neuromorphic computing	van de Burgt, Y; Lubberman, E; Fuller, EJ; Keene, ST; Faria, GC; Agarwal, S; Marinella, MJ; Talin, AA; Salleo, A	NATURE MATERIALS	872	美国 斯坦福大学
8	Flexible metal-oxide devices made by room-temperature photochemical activation of sol-gel films	Kim, YH; Heo, JS; Kim, TH; Park, S; Yoon, MH; Kim, J; Oh, MS; Yi, GR; Noh, YY; Park, SK	NATURE	852	韩国 中央大学
9	Intrinsically stretchable and healable semiconducting polymer for organic transistors	Oh, JY; Rondeau-Gagne, S; Chiu, YC; Chortos, A; Lissel, F; Wang, GJN; Schroeder, BC; Kurosawa, T; Lopez, J; Katsumata, T; Xu, J; Zhu, CX; Gu, XD; Bae, WG; Kim, Y; Jin, LH; Chung, JW; Tok, JBH; Bao, ZN	NATURE	819	美国 斯坦福大学
10	Side chain engineering in solution-processable conjugated polymers	Mei, JG; Bao, ZN	CHEMISTRY OF MATERIALS	813	美国 斯坦福大学

人员和新的研究主题进入,整体呈现稳定上升的趋势,说明本征柔性聚合物半导体晶体管研究领域呈现蓬勃发展趋势,属于热门研究领域,见图3-44和图3-45。

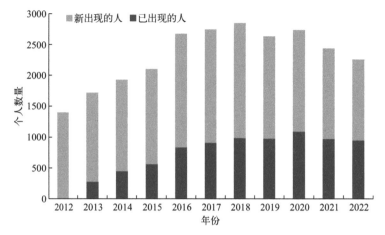

图 3-44　本征柔性聚合物半导体晶体管研究领域研究人员变化趋势

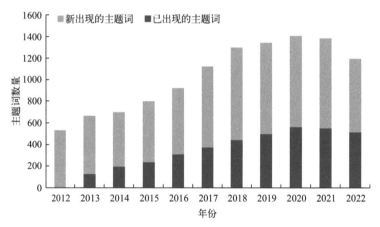

图 3-45　本征柔性聚合物半导体晶体管研究领域研究主题变化趋势

3.2.3　本征柔性聚合物半导体显示及电致发光器件

3.2.3.1　研究领域论文发表趋势

2012—2022 年(截止到 10 月)期间,在 SCIE 数据库中基于主题检索到全球柔性聚合物半导体显示及电致发光器件 4754 篇论文,经专家判读,全球本征柔性聚合物半导体显示及电致发光器件研究领域密切相关论文 1136 篇。

从发文趋势可以看出:全球柔性和本征柔性聚合物半导体显示及电致发光器件研究领域整体均呈现增长趋势,全球柔性聚合物半导体显示及电致发光器件 2021 年发文量约为 2012 年发文量的 2.11 倍，全球柔性和本征柔性聚合物半导体显示及电致发光器件 2021 年发文量约为 2012 年发文量的 2.81 倍，见图 3-46。

图 3-46　柔性和本征柔性聚合物半导体显示及电致发光器件研究领域全球发文态势

经专家判读的全球本征柔性聚合物半导体显示及电致发光器件研究领域密切相关论文年发文量从 2012 年的 58 篇，增长至 2021 年的 163 篇，2022 年截止到 10 月已达到 139 篇，说明全球本征柔性聚合物半导体显示及电致发光器件领域研究总体呈持续增长的态势。中国在本征柔性聚合物半导体显示及电致发光器件研究领域共发表 462 篇论文，论文数量从 2012 年的 16 篇逐渐增加，2022 年截止到 10 月已达 72 篇，可以看出中国本征柔性聚合物半导体显示及电致发光器件领域研究总体与全球保持同步增长的态势，见图 3-47。

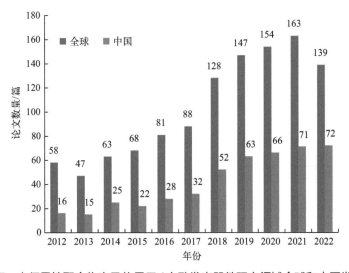

图 3-47　本征柔性聚合物半导体显示 / 电致发光器件研究领域全球和中国发文态势

3.2.3.2 主要研究国家分布及合作

对全球本征柔性聚合物半导体显示及电致发光器件研究领域的国家分布分析发现，共有 49 个国家开展了相关研究，发文量位于前十位的国家分别是：中国、韩国、美国、日本、英国、德国、加拿大、印度、法国和新加坡，这 10 个国家发文量占总论文量的 **86.7%**，见图 3-48。

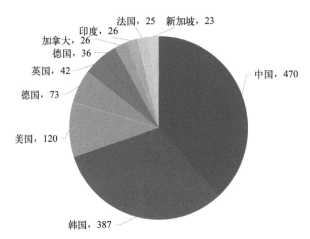

图 3-48　**本征柔性聚合物半导体显示 / 电致发光器件研究领域发文量前十位国家分布**

全球本征柔性聚合物半导体显示及电致发光器件研究领域发文量位于前十位的国家间合作发文情况（图 3-49）如下：

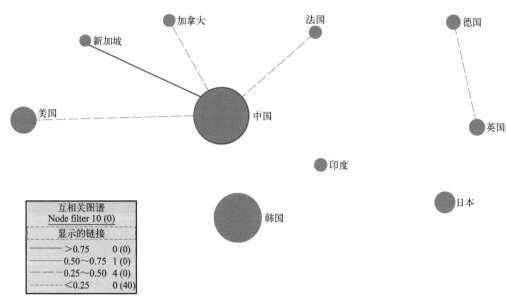

图 3-49　**本征柔性聚合物半导体显示 / 电致发光器件研究领域发文量前十位国家合作**

① 合作发文比例超过 50% 的国家有中国和新加坡；

② 合作发文比例超过 25% 的国家有美国、加拿大、法国、德国和英国。

3.2.3.3 主要研究机构分布及合作

对全球本征柔性聚合物半导体显示及电致发光器件领域的研究机构进行筛选分析发现，全球本征柔性聚合物半导体显示及电致发光器件研究领域发文量位于前十位的研究机构分别是：韩国科学技术研究院、首尔大学、延世大学、高丽大学、成均馆大学和庆熙大学；中国的吉林大学、清华大学、华南理工大学和苏州大学。其中韩国有 6 家机构，中国有 4 家机构，见表 3-16。

表 3-16　全球本征柔性聚合物半导体显示及电致发光器件研究领域发文量前十位研究机构

序号	全球研究机构	发文数量 / 篇
1	韩国科学技术研究院	68
2	吉林大学	50
3	首尔大学	44
4	延世大学	39
5	高丽大学	36
6	成均馆大学	35
7	清华大学	27
8	华南理工大学	26
9	庆熙大学	25
10	苏州大学	25

中国本征柔性聚合物半导体显示及电致发光器件研究领域发文量位于前十位的研究机构分别是：吉林大学、清华大学、华南理工大学、苏州大学、南京邮电大学、中国科学院大学、北京大学、南京工业大学、福州大学，以及台湾工业技术研究院和台湾交通大学（并列），见表 3-17。

表 3-17　中国本征柔性聚合物半导体显示及电致发光器件研究领域发文量前十位研究机构

序号	中国研究机构	发文数量 / 篇
1	吉林大学	50
2	清华大学	27
3	华南理工大学	26
4	苏州大学	25
5	南京邮电大学	24

序号	中国研究机构	发文数量／篇
6	中国科学院大学	22
7	北京大学	18
8	南京工业大学	17
9	福州大学	15
10	台湾工业技术研究院	13
10	台湾交通大学	13

分析全球本征柔性聚合物半导体显示及电致发光器件发文量前十位研究机构相互间的合作情况（图3-50）可知：

① 合作发文超过25%的研究机构有清华大学和吉林大学；

② 与其他研究机构合作发文8篇以上是韩国科学技术研究院、首尔大学、延世大学、高丽大学和成均馆大学，韩国机构间开展了相对广泛的合作。

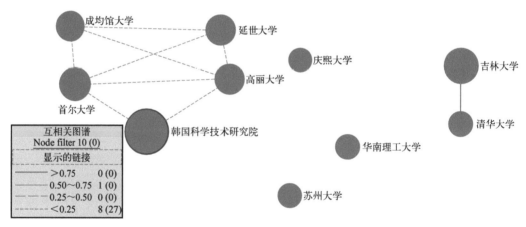

图 3-50　全球本征柔性聚合物半导体显示／电致发光器件研究领域发文量前十位机构合作

分析中国本征柔性聚合物半导体显示及电致发光器件发文量前十位研究机构相互间的合作情况（图3-51）可知：

① 合作发文超过50%的研究机构有清华大学与吉林大学、南京邮电大学与南京工业大学；

② 清华大学与北京大学合作发文超过25%；

③ 华南理工大学与北京大学、福州大学、台湾交通大学有合作发文，中国科学院大学与清华大学和北京大学有合作发文，台湾交通大学与台湾工业技术研究院有合作发文。

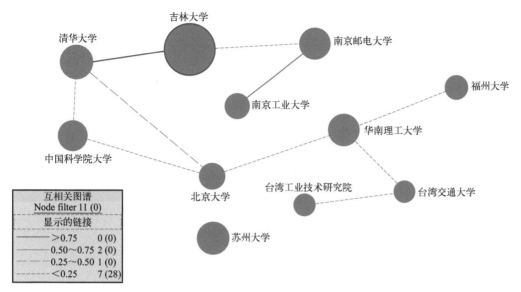

图 3-51　中国本征柔性聚合物半导体显示 / 电致发光器件研究领域发文量前十位机构合作

3.2.3.4　研究领域热点主题分布

利用 VOSviewer 分析工具，对研究领域论文作者关键词中出现的高频词作共现聚类。图中圆圈越大，关键词出现词频越高，不同颜色代表聚合的不同主题簇。全球本征柔性聚合物半导体显示及电致发光器件研究领域作者关键词聚类分析见图 3-52。

（1）红色聚类主题

① 柔性、拉伸性、透明、弯曲应力、黏附性能、自愈、自供电、稳定性、可靠性、表面改性等；

② 柔性器件、光电子、柔性显示、透明显示、显示、照明、致发光、交流电致发光、有源矩阵发光二极管、发光二极管、薄膜晶体管、传感器、透明导电电极等；

③ 有机半导体、聚合物、mxene 等；

④ 封装、摩擦纳米发电机、摩擦电原子层沉积等。

（2）绿色聚类主题

① 柔性器件、柔性电致发光器件、发光二极管、发光器件、光学特性、可拉伸、光致发光等；

② 能量转移、静电纺丝、透明电极等。

（3）蓝色聚类主题

① 导电聚合物、PEDOT、PSS、薄膜封装、衬底等；

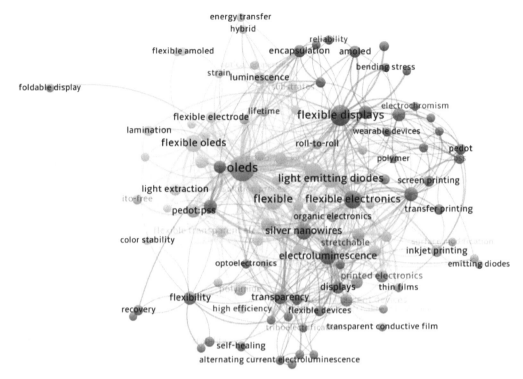

图 3-52　本征柔性聚合物半导体显示及电致发光器件研究领域聚类图谱

② 柔性 OLEDs、柔性有源矩阵发光二极管、电致变色显示、电致变色、柔性发光二极管、OLEDs、柔性电极等；

③ 柔性电子、柔性电子器件、柔性光电子、可拉伸显示屏、可折叠显示屏、可拉伸电子器件、可穿戴设备等；

④ 丝网印刷、转移印刷、卷对卷、大面积、寿命、应变等。

（4）黄色聚类主题

① 可拉伸导体、聚合物、PEDOT:PSS、银纳米线、ITO-free、可拉伸电极、柔性基板、透明导电膜、薄膜等；

② 柔性、弯曲、颜色稳定性、高效率、光提取、光耦合等；

③ 聚合物发光二极管、柔性有机发光二极管、柔性透明电极、有机发光器件、电致发光器件、发光电化学电池等；

④ 有机电子、印刷电子、可穿戴电子、可穿戴显示器等。

3.2.3.5　研究领域主要高被引论文

从全球本征柔性聚合物半导体显示及电致发光器件研究领域前十位高被引论文分析可以看出：前十位高被引论文被引次数范围是 200～1149 次。其中位居高被引之首的论文是 2012 年韩国成均馆大学发表在 NATURE PHOTONICS 的 "Extremely efficient flexible organic light-emitting diodes with modified graphene anode"，被引用次数达到 1149 次。可以看出全球本征柔性聚合物半导体显示及电致发光器件研究领域前十位高被引论文来自美国 5 篇，其中佛罗里达大学 2 篇；韩国、奥地利、瑞典、新加坡和中国各 1 篇。由此可以看出，在前十位高被引论文数量方面美国还是占据半壁江山，见表 3-18。

3.2.3.6 研究领域研究人员及主题变化

2012—2022 年（截止到 10 月）期间，本征柔性聚合物半导体显示及电致发光研究领域基于年份活跃的研究人员和新出现的研究主题来看，研究领域持续有新的研究人员和新的研究主题进入，整体呈现大幅度持续增长的趋势，说明本征柔性聚合物半导体显示及电致发光研究领域呈现蓬勃发展趋势，属于热门研究领域，见图 3-53 和图 3-54。

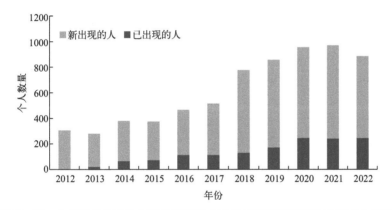

图 3-53　本征柔性聚合物半导体显示及电致发光研究领域研究人员变化趋势

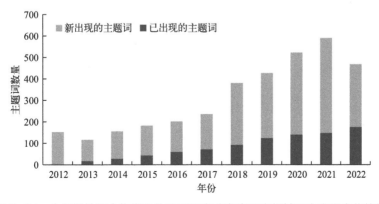

图 3-54　本征柔性聚合物半导体显示及电致发光研究领域研究主题变化趋势

表3-18 本征柔性聚合物半导体显示及电致发光器件研究领域高被引论文

序号	题目	作者	来源期刊	引用次数	国家/机构（通信作者）
1	Extremely efficient flexible organic light-emitting diodes with modified graphene anode	Han, TH (Han, Tae-Hee); Lee, Y (Lee, Youngbin); Choi, MR (Choi, Mi-Ri); Woo, SH (Woo, Seong-Hoon); Bae, SH (Bae, Sang-Hoon); Hong, BH (Hong, Byung Hee); Ahn, JH (Ahn, Jong-Hyun); Lee, TW (Lee, Tae-Woo)	NATURE PHOTONICS	1149	韩国 成均馆大学
2	Highly stretchable electroluminescent skin for optical signaling and tactile sensing	Larson, C (Larson, C.); Peele, B (Peele, B.); Li, S (Li, S.); Robinson, S (Robinson, S.); Totaro, M (Totaro, M.); Beccai, L (Beccai, L.); Mazzolai, B (Mazzolai, B.); Shepherd, R (Shepherd, R.)	SCIENCE	839	美国 康奈尔大学
3	Ultrathin, highly flexible and stretchable PLEDs	White, MS (White, Matthew S.); Kaltenbrunner, M (Kaltenbrunner, Martin); Glowacki, ED (Glowacki, Eric D.); Gutnichenko, K (Gutnichenko, Kateryna); Kettlgruber, G (Kettlgruber, Gerald); Graz, I (Graz, Ingrid); Aazou, S (Aazou, Safae); Ulbricht, C (Ulbricht, Christoph); Egbe, DAM (Egbe, Daniel A. M.); Miron, MC (Miron, Matei C.); Major, Z (Major, Zoltan); Scharber, MC (Scharber, Markus C.); Sekitani, T (Sekitani, Tsuyoshi); Someya, T (Someya, Takao); Bauer, S (Bauer, Siegfried); Sariciftci, NS (Sariciftci, Niyazi Serdar)	NATURE PHOTONICS	697	奥地利 林茨大学

序号	题目	作者	来源期刊	引用次数	国家/机构（通信作者）
4	Silver nanowire percolation network soldered with graphene oxide at room temperature and its application for fully stretchable polymer light-emitting diodes	Liang, JJ (Liang, Jiajie); Li, L (Li, Lu); Tong, K (Tong, Kwing); Ren, Z (Ren, Zhi); Hu, W (Hu, Wei); Niu, XF (Niu, Xiaofan); Chen, YS (Chen, Yongsheng); Pei, QB (Pei, Qibing)	NATURE	511	美国 加州大学洛杉矶分校
5	Liquid crystal display and organic light-emitting diode display: present status and future perspectives	hen, HW (Chen, Hai-Wei); Lee, JH (Lee, Jiun-Haw); Lin, BY (Lin, Bo-Yen); Chen, S (Chen, Stanley); Wu, ST (Wu, Shin-Tson)	LIGHT-SCIENCE & APPLICATIONS	476	美国 中佛罗里达大学
6	Ambient fabrication of flexible and large-area organic light-emitting devices using slot-die coating	Sandstrom, A (Sandstrom, Andreas); Dam, HF (Dam, Henrik F.); Krebs, FC (Krebs, Frederik C.); Edman, L (Edman, Ludvig)	NATURE COMMUNICATIONS	340	瑞典 于默奥大学

序号	题目	作者	来源期刊	引用次数	国家/机构（通信作者）
7	Stretchable and wearable electrochromic devices	an, CY (Yan, Chaoyi); Kang, WB (Kang, Wenbin); Wang, JX (Wang, Jiangxin); Cui, MQ (Cui, Mengqi); Wang, X (Wang, Xu); Foo, CY (Foo, Ce Yao); Chee, KJ (Chee, Kenji Jianzhi); Lee, PS (Lee, Pooi See)	ACS NANO	334	新加坡南洋理工大学
8	Mini-LED, micro-LED and OLED displays: present status and future perspectives	Huang, YG (Huang, Yuge); Hsiang, EL (Hsiang, En-Lin); Deng, MY (Deng, Ming-Yang); Wu, ST (Wu, Shin-Tson)	LIGHT-SCIENCE & APPLICATIONS	307	美国中佛罗里达大学
9	Biodegradable transparent substrates for flexible organic-light-emitting diodes	Zhu, HL (Zhu, Hongli); Xiao, ZG (Xiao, Zhengguo); Liu, DT (Liu, Detao); Li, YY (Li, Yuanyuan); Weadock, NJ (Weadock, Nicholas J.); Fang, ZQ (Fang, Zhiqiang); Huang, JS (Huang, Jinsong); Hu, LB (Hu, Liangbing)	ENERGY & ENVIRONMENTAL SCIENCE	247	美国马里兰大学
10	Recent advances in flexible organic light-emitting diodes	Xu, RP (Xu, Rui-Peng); Li, YQ (Li, Yan-Qing); Tang, JX (Tang, Jian-Xin)	JOURNAL OF MATERIALS CHEMISTRY C	200	中国苏州大学

3.2.4 本征柔性聚合物半导体太阳能电池

3.2.4.1 研究领域论文发表趋势

2012—2022 年（截止到 10 月）期间，在 SCIE 数据库中基于主题检索到全球柔性聚合物半导体太阳能电池研究领域 4983 篇论文，经专家判读，全球本征柔性聚合物半导体太阳能电池研究领域密切相关论文 2004 篇。

从发文趋势可以看出：2012—2015 年，全球柔性和本征柔性聚合物半导体太阳能电池研究领域发文量呈现增长，发文量分别达到 496 篇和 201 篇，2016—2021 年间，发文数量基本保持稳定，见图 3-55。

图 3-55　柔性和本征柔性聚合物半导体太阳能电池研究领域全球发文态势

经专家判读的全球本征柔性聚合物半导体太阳能电池研究领域密切相关论文年发文量超过 138 篇，其中 2015 年、2020 年和 2021 年发文量超过 200 篇，说明全球本征柔性聚合物半导体太阳能电池领域研究总体保持在稳定发展水平。中国在本征柔性聚合物半导体太阳能电池研究领域共发表 873 篇论文，论文数量从 2012 年的 39 篇逐渐增加，2018 年突破 102 篇，可以看出中国本征柔性聚合物半导体太阳能电池领域研究总体仍呈逐步上升态势，见图 3-56。

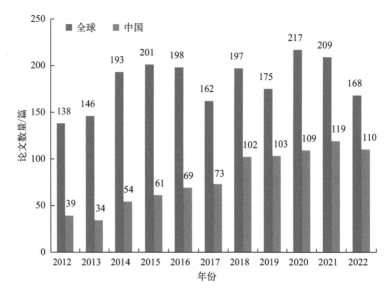

图 3-56　本征柔性聚合物半导体太阳能电池研究领域全球和中国发文态势

3.2.4.2　主要研究国家分布及合作

对全球本征柔性聚合物半导体太阳能电池研究领域的国家分布分析发现，共有 69 个国家开展了相关研究，发文量位于前十位的国家分别是：中国、韩国、美国、德国、日本、丹麦、英国、澳大利亚、法国和印度，这 10 个国家发文量占总论文量的 77.63%，见图 3-57。

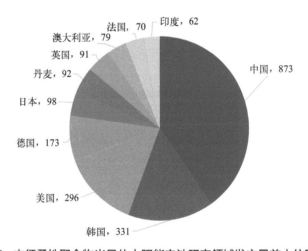

图 3-57　本征柔性聚合物半导体太阳能电池研究领域发文量前十位国家分布

全球本征柔性聚合物半导体太阳能电池研究领域发文量位于前十位的国家间合作发文情况（图 3-58）如下：

① 合作发文比例高于 25% 的国家有中国、美国、澳大利亚、印度、德国、英国、丹麦和法国；

② 与其他国家合作发文数量超过 100 篇的有中国和美国，其中中国与美国、韩国、澳大利亚和德国合作发文 169 篇，美国与中国、韩国、德国和丹麦合作发文 126 篇。

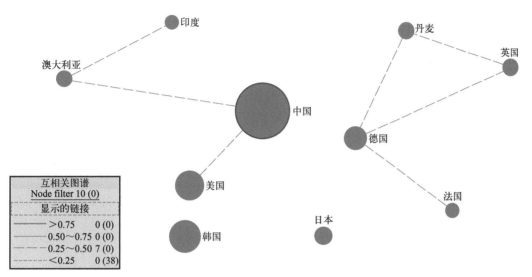

图 3-58　本征柔性聚合物半导体太阳能电池研究领域发文量前十位国家合作

3.2.4.3　主要研究机构分布及合作

对全球本征柔性聚合物半导体太阳能电池领域的研究机构进行筛选分析发现，全球本征聚合物半导体柔性太阳能电池研究领域发文量位于前十位的研究机构分别是：中国的中国科学院化学研究所、中国科学院大学、华南理工大学、西安交通大学、苏州大学、南昌大学和浙江大学；韩国庆熙大学和高丽大学；丹麦技术大学。其中中国有 7 家机构，韩国有 2 家机构，丹麦有 1 家机构，见表 3-19。

表 3-19　全球本征柔性聚合物半导体太阳能电池研究领域发文量前十位研究机构

序号	全球研究机构	发文数量 / 篇
1	中国科学院化学研究所	120
2	中国科学院大学	115
3	华南理工大学	81
4	丹麦技术大学	81
5	西安交通大学	55

序号	全球研究机构	发文数量/篇
6	苏州大学	52
7	南昌大学	49
8	高丽大学	45
9	庆熙大学	45
10	浙江大学	43

中国本征柔性聚合物半导体太阳能电池研究领域发文量位于前十位的研究机构分别是：中国科学院化学研究所、中国科学院大学、华南理工大学、西安交通大学、苏州大学、南昌大学和浙江大学、北京大学、国家纳米科学中心、北京化工大学和华中科技大学（并列），见表3-20。

表3-20　中国本征柔性聚合物半导体太阳能电池研究领域发文量前十位研究机构

序号	中国研究机构	发文数量/篇
1	中国科学院化学研究所	120
2	中国科学院大学	115
3	华南理工大学	81
4	西安交通大学	55
5	苏州大学	52
6	南昌大学	49
7	浙江大学	43
8	北京大学	37
9	国家纳米科学中心	34
10	北京化工大学	32
10	华中科技大学	32

分析全球本征柔性聚合物半导体太阳能电池发文量前十位研究机构相互间的合作情况（图3-59）可知：

① 合作发文超过50%的研究机构有中国科学院化学所与中国科学院大学和苏州大学；

② 合作发文超过25%的研究机构有浙江大学与中国科学院化学所和苏州大学，西安交通大学与华南理工大学；

③ 西安交通大学与中国科学院化学所和南昌大学、中国科学院大学与浙江大学和苏州大学有合作发文。

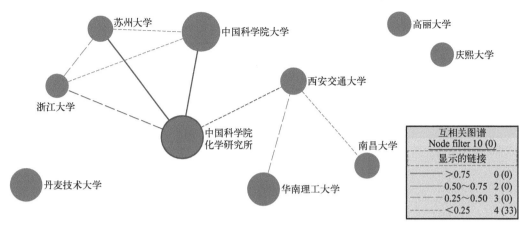

图 3-59　全球本征柔性聚合物半导体太阳能电池研究领域发文量前十位机构合作

分析中国本征柔性聚合物半导体太阳能电池发文量前十位研究机构相互间的合作情况（图 3-60）可知：

① 合作发文超过 50% 的研究机构有中国科学院化学所与中国科学院大学和苏州大学，中国科学院大学和国家纳米科学中心；

② 合作发文超过 25% 的研究机构有中国科学院化学所与浙江大学、北京化工大学、国家纳米科学中心和北京大学，西安交通大学与华南理工大学和南昌大学。

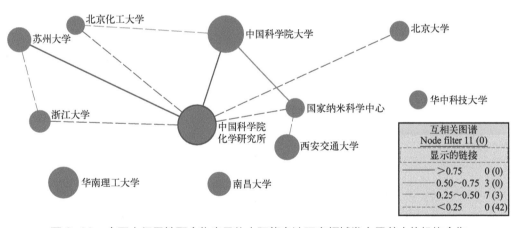

图 3-60　中国本征柔性聚合物半导体太阳能电池研究领域发文量前十位机构合作

3.2.4.4　研究领域热点主题分布

利用 VOSviewer 分析工具，对研究领域论文作者关键词中出现的高频词作共现聚类。图中圆圈越大，关键词出现词频越高，不同颜色代表聚合的不同主题簇。全球本征柔性太阳能电池研究领域作者关键词聚类分析见图 3-61。

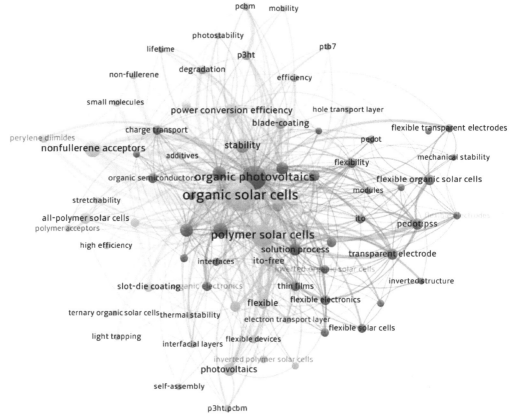

图 3-61　本征柔性聚合物半导体太阳能电池研究领域聚类图谱

（1）红色聚类主题

① 柔性、柔性有机光伏、柔性有机太阳能电池、柔性电子、柔性太阳能电池、柔性电极、倒置型有机太阳能电池、透明导电电极等；

② 导电聚合物、PEDOT、PEDOT: PSS 等；

③ 机械稳定性、倒置结构、印刷电子、接口工程等。

（2）绿色聚类主题

① 柔性器件、聚合物太阳能电池、太阳能光电板等；

② 电子传输层、界面层、ITO-free、P3HT: PCBM 等；

③ 卷制工艺、喷涂、自组装、热稳定性等。

（3）蓝色聚类主题

① 有机电子、有机光伏、有机光伏电池、全聚合物太阳能电池、有机半导体等；

② 能量转换效率、电荷转移 / 传输、高性能、机械性能、拉伸性、移动性、大面积、耐光性等；

③ 共轭聚合物、聚合物受体、薄膜、P3HT、PCBM 和 PTB7 等。

（4）黄色聚类主题

① 有机太阳能电池、柔性基底、非富勒烯受体、光捕获等；

② 高效率 / 性能、使用期、稳定、降解等。

3.2.4.5　研究领域主要高被引论文

从全球本征柔性聚合物半导体太阳能电池研究领域前十位高被引论文分析可以看出：前十位高被引论文被引次数范围是 870 ～ 3662 次。其中位居高被引之首的论文是 2012 年美国加州洛杉矶大学发表在 NATURE PHOTONICS 的"Polymer solar cells"，被引用次数达到 3662 次。可以看出全球本征柔性太阳能电池研究领域前十位高被引论文来自中国 5 篇，其中中国科学院化学所 2 篇；美国 3 篇；奥地利和英国各 1 篇。由此可以看出在前十位高被引论文数量方面中国还是占据半壁江山，见表 3-21。

3.2.4.6　研究领域研究人员与研究主题变化

2012—2022 年（截止到 10 月）期间，本征柔性聚合物半导体太阳能电池研究领域基于年份活跃的研究人员和新出现的研究主题来看，研究领域有新的研究人员和新的研究主题进入，整体呈现波动上升的趋势，说明本征柔性聚合物半导体太阳能研究领域呈现稳定发展趋势，属于较热门研究领域，见图 3-62和图 3-63。

3.2.5　本征柔性聚合物电子皮肤及生物传感器

3.2.5.1　研究领域论文发表趋势

2012—2022 年（截止到 10 月）期间，在 SCIE 数据库中基于主题检索到全球柔性聚合物电子皮肤及生物传感器 14447 篇论文，经专家判读，全球本征柔性聚合物电子皮肤及生物传感器研究领域密切相关论文 13018 篇。

从发文趋势可以看出：全球柔性和本征柔性聚合物电子皮肤及生物传感器研究领域发文数量相差无几，整体呈现快速增长趋势，2022 年全球柔性聚合物电子皮肤及生物传感器发文数量略超过聚合物电子皮肤及生物传感器，见图 3-64。

表 3-21　本征柔性聚合物半导体太阳能电池研究领域高被引论文

序号	题目	作者	来源期刊	引用次数	国家 / 机构（通信作者）
1	Polymer solar cells	Li, G (Li, Gang); Zhu, R (Zhu, Rui); Yang, Y (Yang, Yang)	NATURE PHOTONICS	3662	美国加州大学洛杉矶分校
2	Aggregation and morphology control enables multiple cases of high-efficiency polymer solar cells	Liu, YH (Liu, Yuhang); Zhao, JB (Zhao, Jingbo); Li, ZK (Li, Zhengke; Mu, C (Mu, Cheng); Ma, W (Ma, Wei); Hu, HW (Hu, Huawei); Jiang, K (Jiang, Kui); Lin, HR (Lin, Haoran); Ade, H (Ade, Harald); Yan, H (Yan, He)	NATURE COMMUNICATIONS	2527	中国西安交通大学
3	Molecular design of photovoltaic materials for polymer solar cells: toward suitable electronic energy levels and broad absorption	Li, YF (Li, Yongfarg)	ACCOUNTS OF CHEMICAL RESEARCH	2426	中国中国科学院化学研究所
4	Efficient organic solar cells processed from hydrocarbon solvents	Zhao, JB (Zhao, Jingbo); Li, YK (Li, Yunke); Yang, GF (Yang, Guofang); Jiang, K (Jiang, Kui); Lin, HR (Lin, Haoran); Ade, H (Ade, Harald); Ma, W (Ma, Wei); Yan, H (Yan, He)	NATURE ENERGY	1974	中国香港科技大学
5	Single-junction polymer solar cells with high efficiency and photovoltage	He, ZC (He, Zhicai); Xiao, B (Xiao, Biao); Liu, F (Liu, Feng); Wu, HB (Wu, Hongbin); Yang, YL (Yang, Yali); Xiao, S (Xiao, Steven); Wang, C (Wang, Cheng); Russell, TP (Russell, Thomas P.); Cao, Y (Cao, Yong)	NATURE PHOTONICS	1529	中国华南理工大学

序号	题目	作者	来源期刊	引用次数	国家／机构（通信作者）
6	Small molecule semiconductors for high-efficiency organic photovoltaics	Lin, YZ (Lin, Yuze); Li, YF (Li, Yongfang); Zhan, XW (Zhan, Xiaowei)	CHEMICAL SOCIETY REVIEWS	1488	中国 中国科学院化学研究所
7	Rational design of high performance conjugated polymers for organic solar cells	hou, HX (Zhou, Huaxing); Yang, LQ (Yang, Liqiang); You, W (You, Wei)	MACROMOLECULES	1343	美国 北卡罗来纳大学
8	Ultrathin and lightweight organic solar cells with high flexibility	Kaltenbrunner, M (Kaltenbrunner, Martin); White, MS (White, Matthew S.); Glowacki, ED (Glowacki, Eric D.); Sekitani, T (Sekitani, Tsuyoshi); Someya, T (Someya, Takao); Sariciftci, NS (Sariciftci, Niyazi Serdar); Bauer, S (Bauer, Siegfried)	NATURE COMMUNICATIONS	1262	奥地利 林茨大学
9	Non-fullerene electron acceptors for use in organic solar cells	Nielsen, CB (Nielsen, Christian B.); Holliday, S (Holliday, Sarah); Chen, HY (Chen, Hung-Yang); Cryer, SJ (Cryer, Samuel J.); McCulloch, I (McCulloch, Iain)	ACCOUNTS OF CHEMICAL RESEARCH	952	英国 帝国理工学院
10	High-efficiency inverted dithienogermole–thienopyrrolodione–based polymer solar cells	Small, CE (Small, Cephas E.); Chen, S (Chen, Song); Subbiah, J (Subbiah, Jegadesan); Amb, CM (Amb, Chad M.); Tsang, SW (Tsang, Sai-Wing); Lai, TH (Lai, Tzung-Han); Reynolds, JR (Reynolds, John R.); So, F (So, Franky)	NATURE PHOTONICS	870	美国 佛罗里达大学

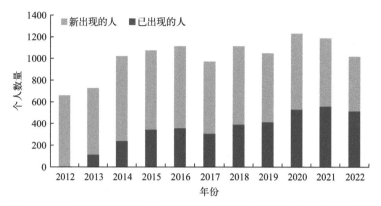

图 3-62　本征柔性聚合物半导体太阳能电池研究领域研究人员变化趋势

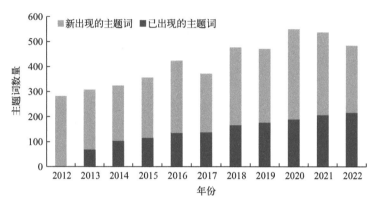

图 3-63　本征柔性聚合物半导体太阳能电池研究领域研究主题变化趋势

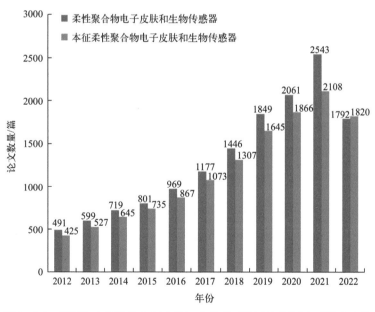

图 3-64　柔性和本征柔性电子皮肤及生物传感器研究领域全球发文态势

经专家判读的全球本征柔性聚合物电子皮肤及生物传感器研究领域密切相关论文 2012 年发文量为 425 篇，之后逐年增长，2017 年突破 1073 篇，2021 年突破 2108 篇，2022 年截止到 10 月发文量已达 1820 篇，说明全球本征柔性聚合物电子皮肤及生物传感器领域研究总体呈现逐年快速增长态势。中国在本征柔性聚合物电子皮肤及生物传感器研究领域共发表 6208 篇论文，论文数量从 2012 年的 120 篇逐年增加，2018 年突破 618 篇，2021 年突破 1122 篇，2022 年截止到 10 月发文量已达 1073 篇，可以看出中国本征柔性聚合物电子皮肤及生物传感器领域研究总体与全球同步呈现逐年快速增长态势，见图 3-65。

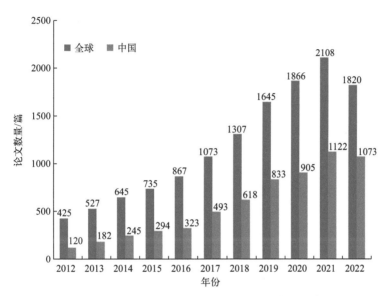

图 3-65　本征柔性电子皮肤和生物传感器研究领域全球和中国发文态势

3.2.5.2　主要研究国家分布及合作

对全球本征柔性聚合物电子皮肤及生物传感器研究领域的国家分布分析发现，共有 112 个国家开展了相关研究，发文量位于前十位的国家分别是：中国、美国、韩国、印度、英国、日本、德国、意大利、新加坡和伊朗，这 10 个国家发文量占总论文量的 76.69%，见图 3-66。

全球本征柔性聚合物电子皮肤及生物传感器研究领域发文量位于前十位的国家间合作发文情况（图 3-67）如下：

① 合作发文比例占发文总量 25% 的国家有中国、美国、英国、新加坡和韩国；

② 中国与美国、英国和新加坡，以及美国还与新加坡和韩国开展了合作发文。

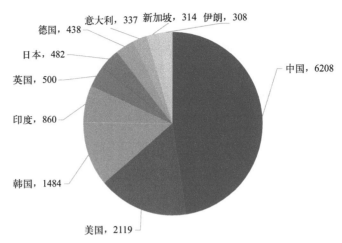

图 3-66　本征柔性聚合物电子皮肤及生物传感器研究领域发文量前十位国家分布

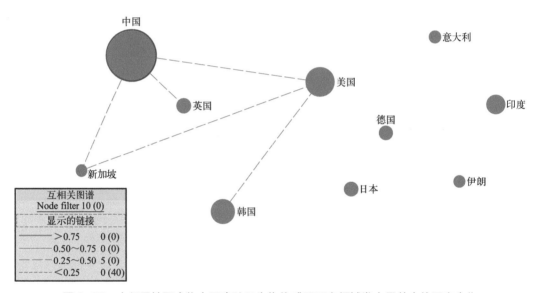

图 3-67　本征柔性聚合物电子皮肤及生物传感器研究领域发文量前十位国家合作

3.2.5.3　主要研究机构分布及合作

　　对全球本征柔性聚合物电子皮肤及生物传感器领域的研究机构进行筛选分析发现，全球本征柔性聚合物电子皮肤及生物传感器研究领域发文量位于前十位的研究机构分别是：中国的中国科学院大学、清华大学、华中科技大学、上海交通大学、吉林大学、浙江大学、中国科学院北京纳米能源与系统研究所，韩国首尔大学和成均馆大学，以及美国的佐治亚理工学院。其中中国有 7 家机构，韩国有 2 家机构，美国有 1 家机构，见表 3-22。

表 3-22　全球本征柔性聚合物电子皮肤及生物传感器研究领域发文量前十位研究机构

序号	全球研究机构	发文数量 / 篇
1	中国科学院大学	353
2	清华大学	279
3	华中科技大学	184
4	首尔大学	181
5	上海交通大学	177
6	吉林大学	175
7	佐治亚理工学院	170
8	浙江大学	169
9	成均馆大学	155
10	中国科学院北京纳米能源与系统研究所	152

中国本征柔性聚合物电子皮肤及生物传感器研究领域发文量位于前十位的研究机构分别是：中国科学院大学、清华大学、华中科技大学、上海交通大学、吉林大学、浙江大学、中国科学院北京纳米能源与系统研究所，中国电子科技大学、中国科技大学和北京大学，见表 3-23。

表 3-23　中国本征柔性聚合物电子皮肤及生物传感器研究领域发文量前十位研究机构

序号	中国研究机构	发文数量 / 篇
1	中国科学院大学	353
2	清华大学	279
3	华中科技大学	184
4	上海交通大学	177
5	吉林大学	175
6	浙江大学	169
7	中国科学院北京纳米能源与系统研究所	152
8	中国电子科技大学	147
9	中国科技大学	140
10	北京大学	133

分析全球本征柔性聚合物电子皮肤及生物传感器发文量前十位研究机构相互间的合作情况（图 3-68）可知：

① 合作发文比例占发文总量 50% 的研究机构有中国科学院北京纳米能源与系统研究所与中国科学院大学和佐治亚理工学院；

② 合作发文比例占发文总量 25% 的研究机构有中国科学院大学与佐治亚

理工学院；

③ 韩国首尔大学与成均馆大学合作发文超过 13 篇；清华大学与中国科学院大学、浙江大学和吉林大学合作发文分别超过 10 篇。

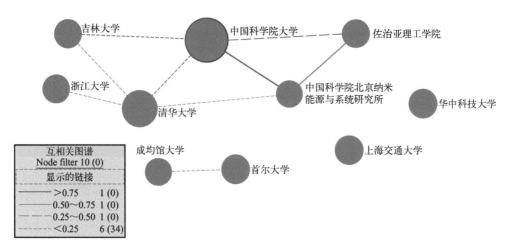

图 3-68　全球本征柔性聚合物电子皮肤及生物传感器研究领域发文量前十位机构合作

分析中国本征柔性聚合物电子皮肤及生物传感器发文量前十位研究机构相互间的合作情况（图 3-69）可知：

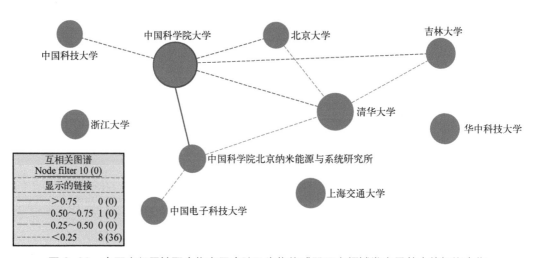

图 3-69　中国本征柔性聚合物电子皮肤及生物传感器研究领域发文量前十位机构合作

① 合作发文比例占发文总量的 50% 的研究机构有中国科学院北京纳米能源与系统研究所与中国科学院大学；

② 中国科学院大学与北京大学、清华大学、吉林大学和中国科技大学合作发文均超过 11 篇；清华大学与北京大学、吉林大学和中国科学院北京纳米能源与系统研究所合作发文均超过 11 篇；中国科学院北京纳米能源与系统研究

所与中国电子科技大学合作发文 8 篇。

3.2.5.4　研究领域热点主题分布

利用 VOSviewer 分析工具，对研究领域论文作者关键词中出现的高频词作共现聚类。图中圆圈越大，关键词出现词频越高，不同颜色代表聚合的不同主题簇。全球柔性聚合物电子皮肤及生物传感器研究领域作者关键词聚类分析见图 3-70。

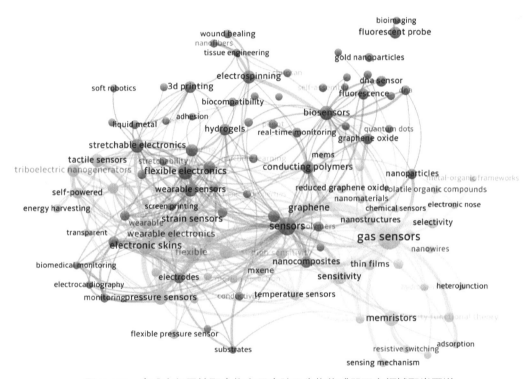

图 3-70　全球本征柔性聚合物电子皮肤及生物传感器研究领域聚类图谱

（1）红色聚类主题

① 人造皮肤、皮肤、应变、可穿戴器件、可穿戴传感器、生物传感器、传感器、DNA 传感器、生物医学监测、健康监测、实时监控、蛋白质检测、核酸适配体、生物成像、荧光探针等；

② 可拉伸电子、柔性电子、表皮电子、印刷电子、软机器人、机器学习等；

③ 共轭聚合物、自组装、ITO、金纳米颗粒、纳米粒子、液态金属等；

④ 喷墨打印、丝网印刷等。

（2）绿色聚类主题

① 柔性压力传感器、柔性传感器、电容式压力传感器、触觉传感器、应变传感器等；

② 柔性、可拉伸、可穿戴、自供电、高灵敏度、透明、能量收集、可穿戴电子、电子皮肤、人体运动检测等；

③ MXene、聚二甲基硅氧烷、PEDOT: PSS、银纳米线、摩擦电纳米发电机等。

（3）蓝色聚类主题

① 拉伸性、自我修复、伤口愈合、附着力、生物相容性、电性能、机械性能、吸附等；

② 神经接口、组织工程、药物输送、忆阻器、电阻开关等；

③ 2D 材料、导电聚合物、水凝胶、聚合物、PEDOT、纳米纤维、纳米复合材料、石墨烯、碳纳米管、静电纺丝等；

④ 密度泛函理论、传感机理、3D 打印等。

（4）黄色聚类主题

① 化学传感器、电化学传感器、电子鼻、气体检测仪、气体传感器、温度传感器等；

② 金属有机骨架、mems、纳米材料、纳米结构、纳米线等；

③ 选择性、敏感性等。

3.2.5.5 研究领域主要高被引论文

从全球本征柔性聚合物电子皮肤及生物传感器研究领域前十位高被引论文分析可以看出：前十位高被引论文被引次数范围是 1042 ~ 2499 次。其中位居高被引之首的论文是 2016 年美国加州伯克利分校发表在 NATURE 的 "Fully integrated wearable sensor arrays for multiplexed in situ perspiration analysis"，被引用次数达到 2499 次。可以看出全球本征柔性电子皮肤和传感器研究领域前十位高被引论文来自美国 6 篇，其中斯坦福大学 3 篇；德国、澳大利亚、奥地利和韩国各 1 篇。由此可以看出在前十位高被引论文数量方面美国占据绝对优势，见表 3-24。

3.2.5.6 研究领域研究人员及主题变化

2012—2022 年（截止到 10 月）期间，柔性聚合物电子皮肤及生物传感器研究领域基于年份活跃的研究人员和新出现的研究主题来看，研究领域持续有

表 3-24　本征柔性电子皮肤和传感器研究领域高被引论文

序号	题目	作者	来源期刊	引用次数	国家 / 机构（通信作者）
1	Fully integrated wearable sensor arrays for multiplexed in situ perspiration analysis	Gao, W (Gao, Wei); Emaminejad, S (Emaminejad, Sam); Nyein, HYY (Nyein, Hnin Yin Yin); Challa, S (Challa, Samyuktha); Chen, KV (Chen, Kevin); Peck, A (Peck, Austin); Fahad, HM (Fahad, Hossain M.); Ota, H (Ota, Hiroki); Shiraki, H (Shiraki, Hiroshi); Lien, DH (Lien, Der-Hsien); Brooks, GA (Brooks, George A.); Davis, RW (Davis, Ronald W.); Javey, A (Javey, Ali)	NATURE	2499	美国 加州大学伯克利分校
2	Stretchable, skin-mountable, and wearable strain sensors and their potential applications: a review	Amjadi, M (Amjadi, Morteza); Kyung, KU (Kyung, Ki-Uk); Park, I (Park, Inkyu); Sitti, M (Sitti, Metin)	ADVANCED FUNCTIONAL MATERIALS	1739	德国 马普研究所
3	25th anniversary article: the evolution of electronic skin (e-skin): a brief history, design considerations, and recent progress	Hammock, ML (Hammock, Mallory L.); Chortos, A (Chortos, Alex); Tee, BCK (Tee, Benjamin C-K); Tok, JBH (Tok, Jeffrey B-H); Bao, ZA (Bao, Zhenan)	ADVANCED MATERIALS	1614	美国 斯坦福大学

序号	题目	作者	来源期刊	引用次数	国家/机构（通信作者）
4	A wearable and highly sensitive pressure sensor with ultrathin gold nanowires	Gong, S (Gong, Shu); Schwalb, W (Schwalb, Willem); Wang, YW (Wang, Yongwei); Chen, Y (Chen, Yi); Tang, Y (Tang, Yue); Si, J (Si, Jye); Shirinzadeh, B (Shirinzadeh, Bijan); Cheng, WL (Cheng, Wenlong)	NATURE COMMUNICATIONS	1508	澳大利亚莫纳什大学
5	Flexible polymer transistors with high pressure sensitivity for application in electronic skin and health monitoring	Schwartz, G (Schwartz, Gregor); Tee, BCK (Tee, Benjamin C. -K.); Mei, JG (Mei, Jianguo); Appleton, AL (Appleton, Anthony L.); Kim, DH (Kim, Do Hwan); Wang, HL (Wang, Huiliang); Bao, ZN (Bao, Zhenan)	NATURE COMMUNICATIONS	1455	美国斯坦福大学
6	Ultrathin and lightweight organic solar cells with high flexibility	Kaltenbrunner, M (Kaltenbrunner, Martin); White, MS (White, Matthew S.); Glowacki, ED (Glowacki, Eric D.); Sekitani, T (Sekitani, Tsuyoshi); Someya, T (Someya, Takao); Sariciftci, NS (Sariciftci, Niyazi Serdar); Bauer, S (Bauer, Siegfried)	NATURE COMMUNICATIONS	1269	奥地利林茨大学
7	Flexible and stretchable physical sensor integrated platforms for wearable human-activity monitoring and personal healthcare	Trung, TQ (Tran Quang Trung); Lee, NE (Lee, Nae-Eung)	ADVANCED MATERIALS	1235	韩国成均馆大学

序号	题目	作者	来源期刊	引用次数	国家／机构（通信作者）
8	Skin electronics from scalable fabrication of an intrinsically stretchable transistor array	Wang, SH (Wang, Sihong); Xu, J (Xu, Jie); Wang, WC (Wang, Weichen); Wang, GJN (Wang, Ging-JiNathan); Rastak, R (Rastak, Reza); Molina-Lopez, F (Molina-Lopez, Francisco); Chung, JW (Chung, Jong Won); Niu, SM (Niu, Simiao); Feig, VR (Feig, Vivian R.); Lopez, J (Lopez, Jeffery); Lei, T (Lei, Ting); Kwon, SK (Kwon, Soon-Ki); Kim, Y (Kim, Yeongin); Foudeh, AM (Foudeh, Amir M.); Ehrlich, A (Ehrlich, Anatol); Gasperini, A (Gasperini, Andrea); Yun, Y (Yun, Youngjun); Murmann, B (Murmann, Boris); Tok, JBH (Tok, Jeffery B.-H.); Bao, ZA (Bao, Zhenan)	NATURE	1119	美国 斯坦福大学
9	Wearable biosensors for healthcare monitoring	Kim, J (Kim, Jayoung); Campbell, AS (Campbell, Alan S.); de Avila, BEF (de Avila, Berta Esteban-Fernandez); Wang, J (Wang, Joseph)	NATURE BIOTECHNOLOGY	1051	美国 加州大学圣地亚哥分校
10	Embedded 3D printing of strain sensors within highly stretchable elastomers	Muth, JT (Muth, Joseph T.); Vogt, DM (Vogt, Daniel M.); Truby, RL (Truby, Ryan L.); Menguc, Y (Menguec, Yigit); Kolesky, DB (Kolesky, David B.); Wood, RJ (Wood, Robert J.); Lewis, JA (Lewis, Jennifer A.)	ADVANCED MATERIALS	1042	美国 哈佛大学

新的研究人员和新的研究主题进入，整体呈现大幅度增长的趋势，说明柔性聚合物电子皮肤及生物传感器研究领域呈现蓬勃发展趋势，属于热门研究领域，见图 3-71 和图 3-72。

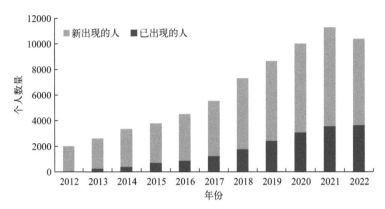

图 3-71　本征柔性聚合物电子皮肤及生物传感器研究领域研究人员变化趋势

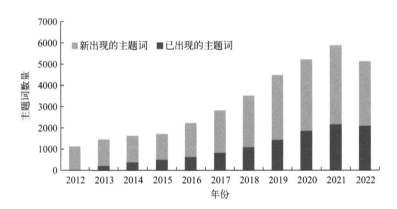

图 3-72　本征柔性聚合物电子皮肤及生物传感器研究领域研究主题变化趋势

3.2.6　本征柔性聚合物集成电路

3.2.6.1　研究领域论文发表趋势

2012—2022 年（截止到 10 月）期间，在 SCIE 数据库中基于主题检索到全球柔性聚合物集成电路研究领域 1776 篇论文，经专家判读，全球本征柔性聚合物集成电路研究领域密切相关论文 1489 篇。

从发文趋势可以看出：全球柔性聚合物和本征柔性聚合物集成电路研究领域发文数量相差无几，整体呈现平稳增长趋势，见图 3-73。

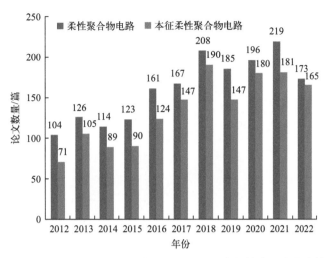

图 3-73 聚合物和柔性聚合物集成电路研究领域全球发文态势

经专家判读的全球本征柔性聚合物集成电路研究领域密切相关论文年发文量超过71篇，其中2018年、2020年和2021年发文量超过180篇，总体保持平稳的发展趋势。中国在本征柔性集成电路研究领域共发表481篇论文，论文数量从2012年的7篇逐渐增加，2018年突破68篇，总体仍呈稳步上升态势，见图3-74。

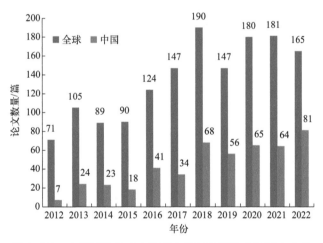

图 3-74 本征柔性集成电路研究领域全球和中国发文态势

3.2.6.2　主要研究国家分布及合作

对全球本征柔性集成电路研究领域的国家分布分析发现，共有69个国家开展了相关研究，发文量位于前十位的国家分别是：中国、美国、韩国、日本、英国、德国、意大利、印度、加拿大和法国，这10个国家发文量占总论文量的74.40%，见图3-75。

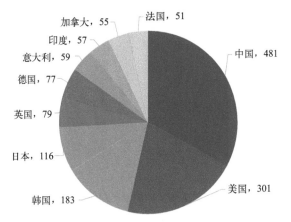

图 3-75　本征柔性集成电路研究领域发文量前十位国家分布

全球本征柔性集成电路研究领域发文量位于前十位的国家间合作发文情况（图3-76）如下：

① 合作发文比例高于25%的国家有中国、美国、英国和意大利；

② 合作发文12篇以上的国家还有韩国、日本、意大利、德国和法国。

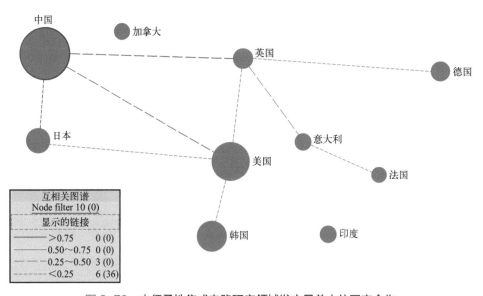

图 3-76　本征柔性集成电路研究领域发文量前十位国家合作

3.2.6.3　主要研究机构分布及合作

对全球本征柔性集成电路领域的研究机构进行筛选分析发现，全球本征柔性集成电路研究领域发文量位于前十位的研究机构分别是：中国的清华大学、中国科学院大学、北京大学、中国电子科技大学、上海交通大学和东南大学，比利时微电子研究中心和荷兰的根特大学，新加坡的南洋理工大学，以及韩国的浦项科技大学。其中中国有 6 家机构，韩国、比利时、荷兰和新加坡各有 1 家机构，见表 3-25。

表 3-25　全球本征柔性集成电路研究领域发文量前十位研究机构

序号	全球研究机构	发文数量 / 篇
1	清华大学	40
2	中国科学院大学	28
3	北京大学	26
4	南洋理工大学	22
5	比利时微电子研究中心	21
6	中国电子科技大学	19
7	浦项科技大学	18
8	上海交通大学	18
9	根特大学	18
10	东南大学	17

中国本征柔性集成电路研究领域发文量位于前十位的研究机构分别是：清华大学、中国科学院大学、北京大学、中国电子科技大学、上海交通大学、东南大学、中国科学院苏州纳米所、浙江工业大学、中国科学院理化所，以及中国科学院化学所、华中科技大学、华南理工大学和中国科技大学（并列），见表 3-26。

表 3-26　中国本征柔性集成电路研究领域发文量前十位研究机构

序号	中国研究机构	发文数量 / 篇
1	清华大学	40
2	中国科学院大学	28
3	北京大学	26
4	中国电子科技大学	19
5	上海交通大学	18
6	东南大学	17
7	中国科学院苏州纳米所	16
8	浙江工业大学	16

序号	中国研究机构	发文数量 / 篇
9	中国科学院理化所	15
10	中国科学院化学所	14
10	华中科技大学	14
10	华南理工大学	14
10	中国科技大学	14

分析全球本征柔性集成电路发文量前十位研究机构相互间的合作情况（图 3-77）可知：

① 比利时微电子研究中心与荷兰根特大学合作发文超过 50%；

② 清华大学与中国科学院大学合作发文超过 25%；

③ 与其他研究机构合作发文 4 篇以上的还有中国电子科技大学、北京大学、东南大学，以及新加坡南洋理工大学。

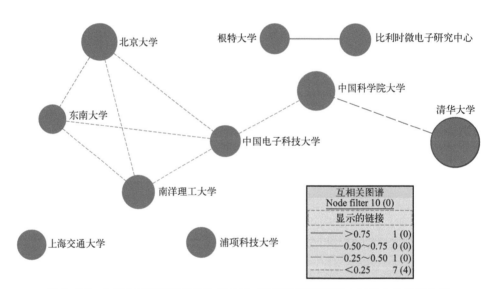

图 3-77　全球本征柔性聚合物半导体集成电路研究领域发文量前十位机构合作

分析中国本征柔性集成电路发文量前十位研究机构相互间的合作情况（图 3-78）可知：

① 清华大学与中国科学院理化所、中国科学院大学和中国科学院化学所，中国科学院苏州纳米所和中国科技大学之间合作发文超过 50%；

② 中国科学院大学与清华大学、中国科学院理化所和中国科学院苏州纳米所，以及中国科技大学合作发文均超过 25%；

③ 与其他研究机构合作发文超过 3 篇的还有浙江工业大学。

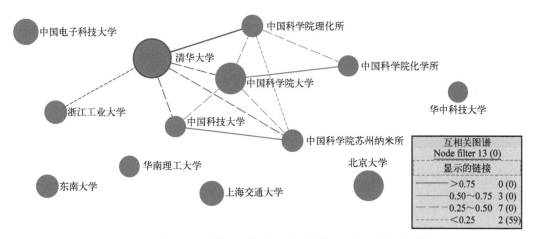

图 3-78　中国本征柔性集成电路研究领域发文量前十位机构合作

3.2.6.4　研究领域热点主题分布

利用 VOSviewer 分析工具，对研究领域论文作者关键词中出现的高频词作共现聚类。图中圆圈越大，关键词出现词频越高，不同颜色代表聚合的不同主题簇。全球本征柔性集成电路研究领域作者关键词聚类分析见图 3-79。

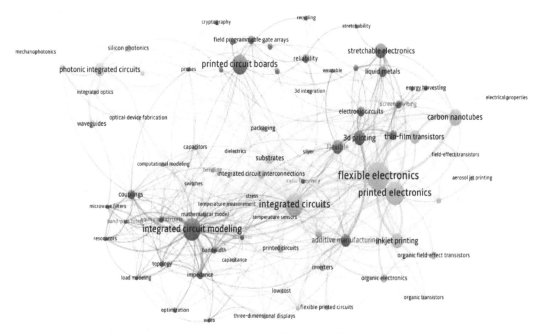

图 3-79　本征柔性集成电路研究领域聚类图谱

（1）红色聚类主题

① CMOS 集成电路、电子电路、可编程逻辑门阵列、印刷电路板、异构集成、基片集成波导等；

② 柔性基底、CMOS、液态金属、石墨烯等；

③ 柔性、拉伸性、可穿戴、可靠性、可拉伸电子、可穿戴电子、能量收集、射频、探针、加密、回收等；

④ 增材制造、3D 打印技术、丝网印刷等。

（2）绿色聚类主题

① 有机半导体、碳纳米管、银等；

② 柔性电子、有机电子、印刷电子等；

③ 有机场效应晶体管、有机晶体管、场效应晶体管、薄膜晶体管；

④ 气溶胶喷射印刷、电性能等。

（3）蓝色聚类主题

① 等效电路、光子集成电路、集成光学、机械光子学、光学器件制造、光波导、硅光子学等；

② 带通滤波器、微波滤波器、谐振器、阻抗、逻辑门、天线、带宽、逆变器等；

③ 优化、低成本、拓扑结构、机器学习、集成电路建模等；

④ 3D 显示、3D 打印等。

（4）黄色聚类主题

① 3D 集成、集成电路、柔性印刷电路、印刷电路等；

② 互连、封装、弯曲、应力、电介质、基板等；

③ 温度传感器、电容器、电容、温度测量等；

④ 计算建模、数学模型等。

3.2.6.5 研究领域主要高被引论文

从全球本征柔性集成电路研究领域前十位高被引论文分析可以看出：前十位高被引论文被引次数范围是 323 ～ 2060 次。其中位居高被引之首的论文是 2014 年美国 IBM Res Almaden 发表在 SCIENCE 的 "A million spiking-neuron integrated circuit with a scalable communication network and interface"，被引用次数达到 2060 次。可以看出全球本征柔性电路研究领域前十位高被引论文来自美国 6 篇，韩国 2 篇，意大利和瑞士各 1 篇。由此可以看出在前十位高被引论文数量方面美国占据绝对优势，见表 3-27。

表 3-27 本征柔性聚合物半导体集成电路研究领域高被引论文

序号	题目	作者	来源期刊	引用次数	国家 / 机构（通信作者）
1	A million spiking-neuron integrated circuit with a scalable communication network and interface	Merolla, PA (Merolla, Paul A.); Arthur, JV (Arthur, John V.); Alvarez-Icaza, R (Alvarez-Icaza, Rodrigo); Cassidy, AS (Cassidy, Andrew S.); Sawada, J (Sawada, Jun); Akopyan, F (Akopyan, Filipp); Jackson, BL (Jackson, Bryan L.); Imam, N (Imam, Nabil); Guo, C (Guo, Chen); Nakamura, Y (Nakamura, Yutaka); Brezzo, B (Brezzo, Bernard); Vo, I (Vo, Ivan); Esser, SK (Esser, Steven K.); Appuswamy, R (Appuswamy, Rathinakumar); Taba, B (Taba, Brian); Amir, A (Amir, Arnon); Flickner, MD (Flickner, Myron D.); Risk, WP (Risk, William P.); Manohar, R (Manohar, Rajit); Modha, DS (Modha, Dharmendra S.)	SCIENCE	2060	美国 IBM 研究实验室
2	Stretchable and soft electronics using liquid metals	Dickey, MD (Dickey, Michael D.)	ADVANCED MATERIALS	837	美国 北卡罗来纳州立大学
3	Recent advances in flexible and stretchable bio-electronic devices integrated with nanomaterials	Choi, S (Choi, Suji); Lee, H (Lee, Hyunjae); Ghaffari, R (Ghaffari, Roozbeh); Hyeon, T (Hyeon, Taeghwan); Kim, DH (Kim, Dae-Hyeong)	DVANCED MATERIALS	726	韩国 首尔大学

序号	题目	作者	来源期刊	引用次数	国家/机构（通信作者）
4	Technologies for printing sensors and electronics over large flexible substrates: a review	Khan, S (Khan, Saleem); Lorenzelli, L (Lorenzelli, Leandro); Dahiya, RS (Dahiya, Ravinder S.)	IEEE SENSORS JOURNAL	675	意大利 特伦特大学
5	Toward printed integrated circuits based on unipolar or ambipolar polymer semiconductors	Baeg, KJ (Baeg, Kang-Jun); Caironi, M (Caironi, Mario); Noh, YY (Noh, Yong-Young)	ADVANCED MATERIALS	437	韩国 东国大学
6	Metal oxide semiconductor thin-film transistors for flexible electronics	Petti, L (Petti, Luisa); Munzenrieder, N (Muenzenrieder, Niko); Vogt, C (Vogt, Christian); Faber, H (Faber, Hendrik); Buethe, L (Buethe, Lars); Cantarella, G (Cantarella, Giuseppe); Bottacchi, F (Bottacchi, Francesca); Anthopoulos, TD (Anthopoulos, Thomas D.); Troster, G (Troester, Gerhard)	APPLIED PHYSICS REVIEWS	380	瑞士 苏黎世联邦理工学院
7	3D printing multifunctionality: structures with electronics	Espalin, D (Espalin, David); Muse, DW (Muse, Danny W.); MacDonald, E (MacDonald, Eric); Wicker, RB (Wicker, Ryan B.)	INTERNATION AL JOURNAL OF ADVANCED MANUFACTURING TECHNOLOGY	366	美国 得克萨斯大学埃尔帕索分校

序号	题目	作者	来源期刊	引用次数	国家/机构（通信作者）
8	Hybrid 3D printing of soft electronics	Valentine, AD (Valentine, Alexander D.); Busbee, TA (Busbee, Travis A.); Boley, JW (Boley, John William); Raney, JR (Raney, Jordan R.); Chortos, A (Chortos, Alex); Kotikian, A (Kotikian, Arda); Berrigan, JD (Berrigan, John Daniel); Durstock, MF (Durstock, Michael F.); Lewis, JA (Lewis, Jennifer A.)	ADVANCED MATERIALS	350	美国 哈佛大学
9	Materials for stretchable electronics	Wagner, S (Wagner, Sigurd); Bauer, S (Bauer, Siegfried)	MRS BULLETIN	339	美国普林斯顿大学
10	Fully printed, high performance carbon nanotube thin-film Transistors on flexible substrates	Lau, PH (Lau, Pak Heng); Takei, K (Takei, Kuniharu); Wang, C (Wang, Chuan); Ju, Y (Ju, Yeonkyeong); Kim, J (Kim, Junseok); Yu, ZB (Yu, Zhibin); Takahashi, T (Takahashi, Toshitake); Cho, G (Cho, Gyoujin); Javey, A (Javey, Ali)	NANO LETTERS	323	美国 加州大学伯克利分校

3.2.6.6　研究领域研究人员及主题变化

2012—2022 年（截止到 10 月）期间，本征柔性聚合物半导体集成电路研究领域基于年份活跃的研究人员和新出现的研究主题来看，研究领域持续有新的研究人员和新的研究主题进入，整体呈现大幅度增长的趋势，说明本征柔性聚合物半导体集成电路研究领域呈现蓬勃发展趋势，属于热门研究领域，见图 3-80 和图 3-81。

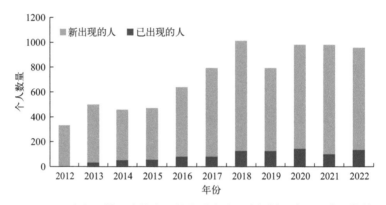

图 3-80　本征柔性聚合物半导体集成电路研究领域研究人员变化趋势

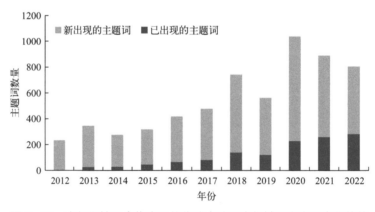

图 3-81　本征柔性聚合物半导体集成电路研究领域研究主题变化趋势

3.3
小结

对全球本征柔性聚合物电子材料和器件的核心期刊论文发表概况进行了分析，内容包括论文发表趋势、主要国家分布及合作、主要研究机构及合作、研究领域热点主题分布、高被引论文，以及研究领域人员及主题变化，旨在从客观数据视角，为我国本征柔性电子领域研究者提供可借鉴的参考依据。

（1）论文发表趋势

2012—2022 年（截止到 10 月），全球柔性和本征柔性电子材料和器件研究领域发表论文数量整体均呈现快速增长趋势，但全球柔性电子材料和器件研究领域发文增长速率高于全球本征柔性电子材料和器件；中国本征柔性电子材料和器件研究领域发表论文数量整体与全球保持同步增长的态势，但中国本征柔性电子材料和器件研究领域发文数量与全球本征柔性电子材料和器件还有一定差距。

（2）主要国家分布及合作

① 全球本征柔性电子材料研究领域发布论文量前十位的国家集中在中国、韩国、美国、印度、日本、英国、伊朗、德国、新加坡、意大利、加拿大、法和澳大利亚，前十位国家发文量的总占比在 75.72% ～ 85.04% 之间，是基础研究投入最多的国家。国际合作发文高于 25% 的国家有中国、美国、澳大利亚、英国、新加坡、德国和法国，说明全球本征柔性电子材料作为跨学科研究领域国际合作的必要性。

② 全球本征柔性电子器件研究领域发布论文量前十位的国家集中在中国、美国、韩国、日本、德国、英国、意大利、法国、印度、新加坡、丹麦、加拿大和伊朗，前十位国家发文量的总占比在 74.40% ～ 86.7% 之间，是基础研究投入最多的国家。国际合作发文高于 25% 的国家有中国、美国、澳大利亚、英国、新加坡、德国、加拿大、意大利、丹麦、韩国、法国、新加坡和印度，说明了全球本征柔性电子器件作为跨学科研究领域国际合作的必要性。

（3）主要研究机构及合作

① 全球本征柔性电子材料研究领域发文量前五位的研究机构主要集中在中国清华大学、中国科学院大学、中国科学院化学所、台湾大学和四川大学，韩国高丽大学、成均馆大学、延世大学、首尔大学和浦项科技大学，美国伊利诺伊大学，从研究机构所属国家看：中国和韩国各有 5 家机构，美国有 1 家机构，可以看出中国和韩国在全球本征柔性电子材料研究领域研究机构数量上占据优势。

全球本征柔性电子材料研究领域发文量前十位国际合作情况：国际合作发文超过 50% 的研究机构有美国西北大学、伊利诺伊大学与中国清华大学，美国佐治亚理工学院与中国科学院大学。其他机构间也开展了广泛的国际合作，尤其是韩国机构间合作最为紧密，国际合作规模为两家以及多家机构合作为主。

② 中国本征柔性电子材料研究领域发文量前五位的研究机构主要集中在清华大学、中国科学院大学、中国科学院化学所、华中科技大学、中国科学院苏州纳米所、东华大学、浙江大学、西安交通大学、四川大学和台湾大学。

中国本征柔性电子材料研究领域发文量前十位合作发文情况：合作发文超过75%的研究机构有中国科学院化学所与中国科学院大学，合作发文超过25%的研究机构有中国科学院化学所与天津大学，清华大学与浙江大学，华中科技大学与大连理工大学。其他机构间也开展了广泛的合作。

③ 全球本征柔性电子器件研究领域发文量前五位的研究机构主要集中在中国科学院化学所、中国科学院大学、中国科学院温州研究所、清华大学、华中科技大学、上海交通大学、吉林大学、华南理工大学、西安交通大学和北京大学，韩国浦项理工大学、成均馆大学、首尔大学、韩国科学技术研究院、延世大学、高丽大学和庆熙大学，英国剑桥大学和帝国理工学院，日本东京大学，丹麦技术大学，比利时微电子研究中心和新加坡南洋理工大学。从研究机构所属国家看：中国有10家机构，韩国有7家机构，英国有2家机构，日本、丹麦、比利时和新加坡各有1家机构。可以看出中国和韩国在全球本征柔性电子器件研究领域研究机构数量上占据优势。

全球本征柔性电子材料研究领域发文量前十位国际合作情况：合作发文比例占发文总量的25%的研究机构有比利时微电子研究中心与荷兰根特大学国际合作发文超过50%，中国科学院大学与美国佐治亚理工学院国际合作发文超过25%，韩国浦项理工大学与首尔大学，延世大学与成均馆大学合作发文在25%～50%。其他机构间也开展了广泛的国际合作，国际合作规模以两家以及多家机构合作为主。

④ 中国本征柔性电子器件研究领域发文量前五位的研究机构主要集中在中国科学院大学、中国科学院化学所、中国科学院温州研究所、天津大学、吉林大学、南京邮电大学、清华大学、华南理工大学、苏州大学、北京大学、西安交通大学、苏州大学、华中科技大学、中国电子科技大学、上海交通大学和台湾大学。

中国本征柔性电子器件研究领域发文量前十位合作发文情况：中国科学院化学所与中国科学院大学合作发文超过75%；合作发文超过50%的研究机构还有中国科学院化学所、中国科学院大学和苏州大学，中国科学院大学和国家纳米科学中心，中国科学院大学和中国科学院化学所，中国科学院大学和中国科学院北京纳米能源与系统研究所，中国科学院化学所和天津大学，清华大学和中国科学院理化所，中国科学院苏州纳米所和中国科技大学，清华大学和吉林大学，南京邮电大学和南京工业大学；合作发文超过 25% 的研究机构还有中国科学院化学所、中国科学院大学和天津大学，中国科学院理化所、中国科学院苏州纳米所和中国科技大学，西安交通大学、华南理工大学和南昌大学，清华大学和吉林大学，清华大学和北京大学，中国科学院化学所和浙江大学，北京化工大学、国家纳米科学中心和北京大学。

从全球本征柔性电子材料和器件研究机构间广泛开展国际和国内合作，进一步印证了本征柔性电子材料和器件是新兴前沿交叉学科研究领域，迫切需要国际和国内研究机构开展多个基础学科的协同研究。

（4）研究领域热点主题分布

① 柔性电子材料主题：

➢ 单壁 / 多壁碳纳米管、纳米复合材料、Au/Ag/Cu 纳米线、碳纳米纤维；

➢ 石墨烯、石墨烯氧化物、还原石墨烯氧化物；

➢ 聚吡咯、聚苯胺、导电聚合物、纳米聚合物、共轭聚合物、PEDOT:PSS、聚二甲基硅氧烷、聚酰亚胺、弹性体；

➢ 离子液体、水凝胶、液体金属。

② 柔性电子器件性能及制造主题：

➢ 柔性衬底、柔性基板、栅极介电层、高介电常数、光刻技术、化学汽相淀积、封装；

➢ 柔性 / 可拉伸电极、柔性透明电极、透明导电电极；

➢ 3D 打印技术、对电极、丝网印刷电极、喷墨打印、卷对卷、凹版印刷、增材制造；

➢ 柔性、弯曲、透明、可穿戴、弯曲应力、敏感性、高灵敏度、降解、生物相容性、自愈、自供电、移动性、大面积、机械性能、可生物降解；

➢ 导电性、电化学性能、压电、比电容、电子迁移率、能量转换效率；

➢ 机器学习、计算建模、数学模型。

③ 柔性电子器件相关应用主题：

➢ 柔性电子、有机电子、印刷电子、可拉伸电子、柔性机器人、可穿戴电子、软电子；

➢ 印刷电路板、集成电路、CMOS 集成电路、光子集成电路；

➢ 薄膜晶体管、有机场效应晶体管、有机发光二极管、有机薄膜晶体管、光电晶体管、栅极晶体管；

> 电子皮肤、生物/免疫/电化学/柔性触觉/应变/可伸缩传感器、人体运动监控、生物医学监测、健康监测、实时监控、神经接口、组织工程、药物输送；

> 柔性能量储存、柔性超级电容器、混合超级电容器、摩擦纳米发电；

> 柔性电致发光器件、柔性 OLEDs、柔性 AMOLED、电致变色显示、有机发光二极管、有机光电、可拉伸/可折叠显示屏；

> 聚合物太阳能电池、有机太阳能电池、柔性有机光伏、柔性太阳能电池。

（5）高被引论文

① 全球本征柔性电子材料研究领域前十篇高被引论文分析：美国 15 篇、中国 7 篇、韩国 4 篇、新加坡 2 篇，以及英国和法国各 1 篇，可以看出美国占据半壁江山，其中斯坦福大学 8 篇，作出了重要贡献。本征柔性聚合物半导体材料研究领域高被引论文中国科学院化学所 2 篇。

② 全球本征柔性电子器件研究领域前十篇高被引论文分析：美国 30 篇、英国 7 篇、中国 6 篇、韩国 5 篇、奥地利 3 篇、法国 2 篇，以及英国、瑞典、新加坡、德国、澳大利亚、意大利和瑞士各 1 篇，可以看出美国占据绝对优势。就研究机构而言，斯坦福大学（11 篇）和英国剑桥大学（7 篇）位居第一和第二位。本征柔性聚合物半导体太阳能电池研究领域高被引论文中国科学院化学所 2 篇。

（6）研究领域人员及主题变化

① 全球本征柔性电子材料研究领域基于年份活跃的研究人员和新出现的研究主题持续整体呈现快速或大幅度上升的趋势，说明本征柔性材料研究领域呈现蓬勃发展趋势，属于热门研究领域。

② 全球本征柔性电子器件研究领域基于年份活跃的研究人员和新出现的研究主题持续整体呈现稳定、快速或大幅度上升的趋势，说明本征柔性器件研究领域呈现蓬勃发展趋势，属于热门研究领域。

第 4 章

柔性电子技术研发态势

4.1

材料

4.1.1 柔性电极材料

4.1.1.1 专利技术申请趋势分析

1986—2022 年（截止到 10 月）期间，全球柔性电极材料专利申请量为 5538 项，中国柔性电极材料专利申请量为 1855 项。2012—2022 年（截止到 10 月），全球柔性电极材料专利申请量为 4125 项，中国柔性电极材料专利申请量为 1765 项，见图 4-1。

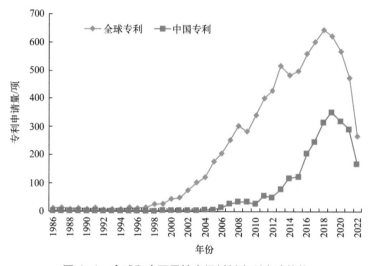

图 4-1　全球和中国柔性电极材料专利申请趋势

从专利申请时间趋势可以看出：全球柔性电极材料专利申请从 2003 年（102 项）进入快速增长阶段，2013 年（518 项）申请量达到第一次高峰，2018 年（649 项）申请量达到第二次高峰。中国专利申请从 2014 年（115 项）进入快速增长阶段，2019 年（349 项）申请量达到高峰。

4.1.1.2 主要专利技术国家 / 地区分析

专利最早优先权国家 / 地区在一定程度上反映相关技术的起源国家 / 地区，从柔性电极材料专利技术的起源国家 / 地区分布（图 4-2）来看：

① 中国和韩国是柔性电极材料专利申请量排名第一和第二的国家，总占比分别为 30.84% 和 22.56%；日本和美国专利申请量位居第三和第四，总占比分别是 17.84% 和 11.88%，四个国家专利申请量的总占比为 87.13%，是最主要的专利技术起源国；

② 欧洲专利局（以下简称欧专局）和世界知识产权组织（WO）专利申请量总占比分别为 5.47% 和 1.72%。

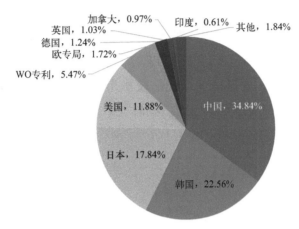

图 4-2　全球柔性电极材料前十位最早优先权国家 / 地区分布

从中国、韩国、日本和美国专利申请时间趋势（图 4-3）可以看出：

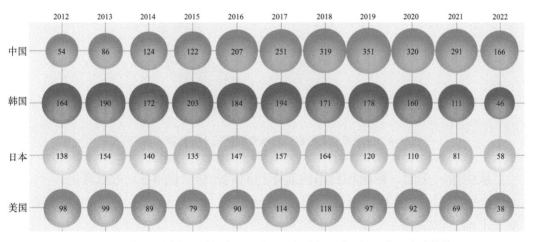

图 4-3　全球柔性电极材料中美日韩最早优先权国家 / 地区专利申请趋势

① 2012 年专利申请量排序为韩国 164 项、日本 138 项、美国 98 项和中国 54 项；

② 中国专利申请量呈现快速增长的趋势，2019 年专利申请量达到最高 351 项。2014 年和 2016 年专利申请量分别超过美国、日本和韩国；

③ 韩国专利申请量保持相对稳定，2012—2020 年专利申请量为 160 ～ 203 项；

④ 日本专利申请量 2018 年达到最高 164 项后，逐年降低；

⑤ 美国专利申请量保持相对稳定，2012—2020 年专利申请量为 92 ～ 118 项。

同族专利国家 / 地区申请 / 公开专利数量在一定程度上反映技术最终流入的市场情况，从柔性电极材料专利技术的市场分布（图 4-4）看：

① 共有 29 个同族专利国家 / 地区，其中中国、美国、韩国和日本同族专利量总占比分别为 26.85%、19.75%、14.91% 和 13.12%，四个国家同族专利量总占比为 74.44%，可以说是最受重视的技术市场；

② 值得注意的是 WO 申请和欧专局同族专利量总占比分别为 14.14% 和 5.29%，说明柔性电极材料专利权人注重技术在全球和欧洲市场的布局，尤其是全球的布局。

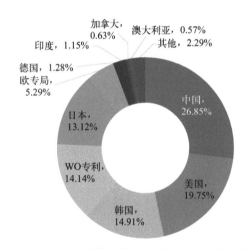

图 4-4　全球柔性电极材料同族专利量前十位国家 / 地区分布

从中国、美国、韩国和日本同族专利时间趋势（图 4-5）可以看出：

① 2012 年同族专利量排序为美国 274 项、中国 195 项、日本 192 项和韩国 191 项；

② 美国同族专利量保持相对稳定，2012—2020 年同族专利量为 265 ～ 342 项；

③ 中国同族专利量呈现增长的趋势，2018 年同族专利量超过美国，2019 年同族专利量达到最高 418 项；

④ 韩国同族专利量保持相对稳定，2012—2020 年同族专利量为 176 ～ 239 项；

⑤ 日本同族专利量保持相对稳定，2012—2020 年同族专利量为 147 ～ 223 项。

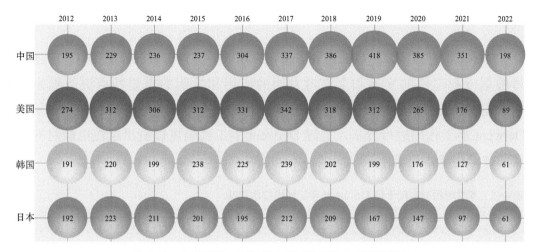

图 4-5　全球柔性电极材料中美日韩同族专利时间趋势

4.1.1.3　主要专利权人分析

对全球柔性电极材料技术专利权人进行筛选分析发现，位于前十位的专利权人分别是：韩国三星和 LG，日本半导体能源研究所、柯尼卡、夏普、日本显示和住友，中国 TCL 华星和京东方，以及美国通用显示。从全球柔性电极材料技术专利权人所属国家看：日本有 5 个，韩国有 2 个，中国有 2 个，美国有 1 个。除了日本半导体能源研究所属于研究机构外，其余均为企业，说明全球柔性电极材料技术已经进入全面应用期，见图 4-6。

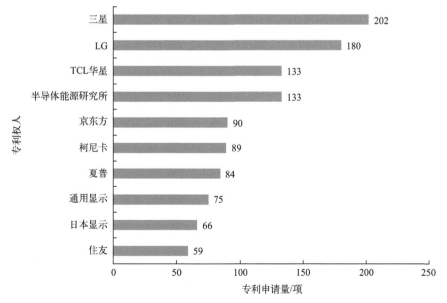

图 4-6　全球柔性电极材料专利申请前十位专利权人

4.1.1.4 专利技术构成分析

Derwent 手工代码（Derwent manual code）是由 Derwent 数据库专业人员根据专利文献的文摘和全文对发明的应用和发明的重要特点进行独家标引，能够准确反映专利技术的创新点及应用。对全球柔性电极材料专利申请的 Derwent 手工代码进行分析，通过 Derwent 手工代码可以看出柔性电极材料专利的技术构成，见表 4-1。

表 4-1　柔性电极材料前十位 Derwent 手工代码技术构成

序号	Derwent 手工代码	专利量 / 项	含义
1	L03-E05B2	770	有机电子－电池－染料敏化太阳能电池－电极材料 / 结构
2	L04-E03	728	半导体器件－发光器件
3	A12-E11A	713	聚合物应用－光电用途－电致变色显示
4	U12-A01A1E	669	半导体光电器件－LED－有机材料 LED
5	A12-E14	603	聚合物应用－其他电气用途－电极
6	U14-J02A	598	电致发光光源－电致发光显示结构－电极细节
7	L04-C11C	546	半导体加工－电极
8	A12-E07C	542	聚合物应用－电路元件－半导体器件、集成电路等
9	U11-C05C	535	半导体加工－半导体器件制造－衬底加工－电极和互连层形成
10	U11-C01J8	561	半导体材料衬底加工－半导体器件制造多步骤工艺－薄膜晶体管制造

从中国、韩国、日本和美国的专利技术构成布局（图 4-7）可以看出：

① 中国前三位的专利技术构成分别是聚合物电致变色显示和电极，以及半导体薄膜晶体管材料；

② 韩国前三位的专利技术构成分别是有机材料 LED、半导体发光器件和聚合物电致变色显示；

③ 日本前三位的专利技术构成分别是电致发光显示电极、聚合物电致变色显示和电极；

④ 美国前三位的专利技术构成分别是半导体发光器件、聚合物半导体器件和集成电路，以及聚合物电致变色显示。

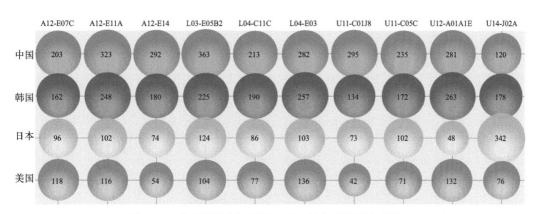

图 4-7　全球柔性电极材料中美日韩专利技术构成分布

4.1.1.5　专利技术主题分析

采用专利技术主题聚类分析，可以对专利技术相关主题词（词频）进行处理，并绘制技术和应用专利概念图，从而直观了解、深入探索专利技术的内容与创新。柔性电极材料的专利技术（由于数量超过分析上限，仅对有效专利进行聚类）聚类主要主题分布（图4-8）如下：

① 柔性电极材料：电极材料、导电膜、金属纳米线、柔性显示层、光发射材料、光电组分、光活化层、半导体电极材料等。

② 柔性电极材料器件制造及应用：气体沉积、弯曲区域、柔性电致发光显示屏、触摸屏、OLED、OFET、OTFT、膜/珊/柔性电极、有机电子制造、显示器件制造、柔性有机太阳能电池、膜电阻自主装、有机EL、正负电极等。

4.1.1.6　专利法律状态

专利的法律状态在侵权诉讼、产品引进、产品出口、技术转让、企业并购、新产品开发等方面都起到重要参考作用。柔性电极材料专利技术的法律状态如下：有效专利总占比81.6%，其中授权专利55.0%、申请中专利26.6%，从申请专利数量可以看出，柔性电极材料专利技术数量还将持续上升；无效专利总占比18.4%，其中撤销专利8.4%、放弃专利9.5%、过期专利0.6%，见图4-9。

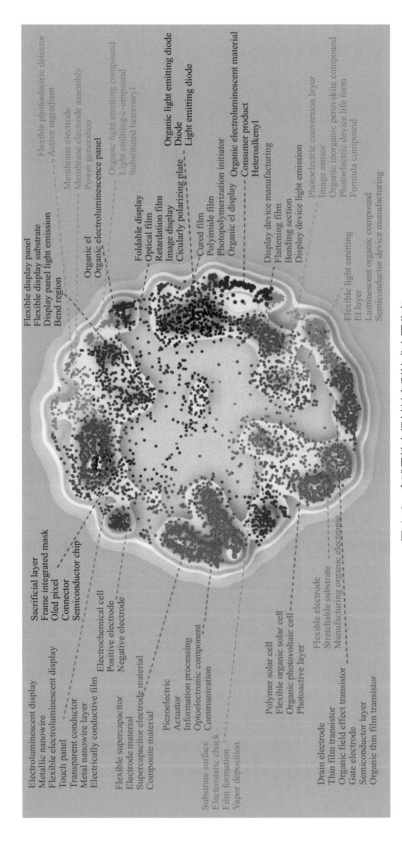

图 4-8 全球柔性电极材料专利技术主题分布

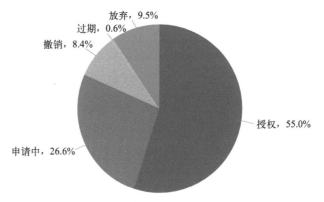

图 4-9　全球柔性电极材料专利技术法律状态

4.1.2　柔性介电和衬底材料

4.1.2.1　专利技术申请趋势分析

1987—2022 年（截止到 10 月），全球柔性介电和衬底材料的 Derwent 专利申请量为 5358 项，中国柔性介电和衬底材料的 Derwent 专利申请量为 2463 项。2012—2022 年（截止到 10 月）年，全球柔性介电和衬底材料专利申请量为 4447 项，中国柔性介电和衬底材料专利申请量为 2314 项。

从 Derwent 专利申请时间趋势（图 4-10）可以看出：全球柔性介电和衬底材料专利申请从 2004 年（109 项）进入快速增长阶段，2019 年（912 项）申请量达到高峰。中国专利申请从 2013 年（105 项）进入快速增长阶段，2019 年（582 项）申请量达到高峰。

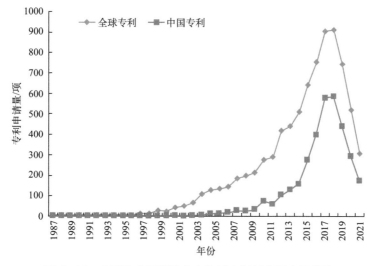

图 4-10　全球和中国柔性介电和衬底材料专利申请趋势

专利最早优先权国家／地区在一定程度上反映相关技术的起源国家／地区，从柔性介电和衬底材料专利技术的起源国家／地区分布（图4-11）来看：

① 中国和韩国是柔性介电和衬底材料专利申请量排名第一和第二的国家，总占比分别为43.59%和23.75%；日本和美国专利申请量位居第三和第四，总占比分别是12.60%和10.72%，四个国家专利申请量的总占比为90.66%，是最主要的专利技术起源国；

② 世界知识产权组织（WO）和欧专局专利申请量总占比分别为4.99%和1.22%。

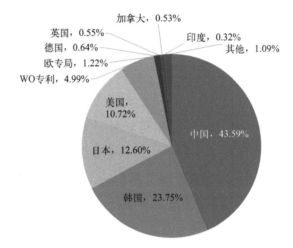

图4-11 全球柔性介电和衬底材料前十位最早优先权国家／地区分布

从中国、韩国、日本和美国的专利申请时间趋势（图4-12）可以看出：

① 2012年专利申请量排序为韩国123项、美国71项、日本61项和中国59项；

② 中国专利申请量呈现快速增长的趋势，2019年专利申请量达到最高582项。2013年和2016年专利申请量分别超过美国、日本和韩国；

③ 韩国专利申请量总体保持相对稳定趋势，专利申请量在123～232项；

④ 日本专利申请量增长到2017年（175项）后，逐渐降低；

⑤ 美国专利申请量逐渐增长，2019年达到最高115项。

同族专利国家／地区申请／公开专利数量在一定程度上反映技术最终流入的市场情况，从柔性介电和衬底材料专利技术的市场分布（图4-13）看：

① 共有32个同族专利国家／地区，其中中国、美国、韩国和日本同族专利量总占比分别为31.37%、24.30%、13.87%和8.61%，四个国家同族专利量总占比为78.15%，可以说是最受重视的技术市场；

② 值得注意的是 WO 和欧专局同族专利量总占比分别为 12.99% 和 4.87%，说明柔性介电和衬底材料专利权人注重技术在全球和欧洲市场的布局。

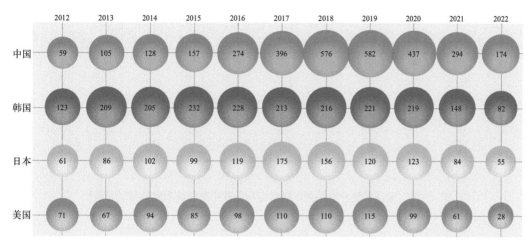

图 4-12　全球柔性介电 / 衬底材料中美日韩最早优先权国家 / 地区专利申请趋势

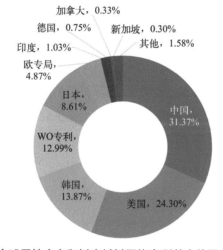

图 4-13　全球柔性介电和衬底材料同族专利前十位国家 / 地区分布

从美国、中国、韩国和日本同族专利时间趋势（图 4-14）可以看出：

① 2012 年同族专利量排序为美国 195 项、中国 163 项、韩国 134 项和日本 114 项；

② 美国同族专利量呈现增长趋势，2019 年同族专利量达到最高 594 项；

③ 中国同族专利量呈现快速增长的趋势，2017 年同族专利量超过美国，2019 年同族专利量达到最高 708 项；

④ 韩国同族专利量保持相对稳定，2012—2020 年同族专利量为 134 ～ 265 项；

⑤ 日本同族专利量呈现稳中略有增长趋势，2012—2020 年同族专利量为 114 ～ 216 项。

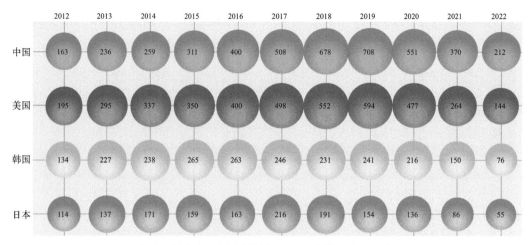

	2012	2013	2014	2015	2016	2017	2018	2019	2020	2021	2022
中国	163	236	259	311	400	508	678	708	551	370	212
美国	195	295	337	350	400	498	552	594	477	264	144
韩国	134	227	238	265	263	246	231	241	216	150	76
日本	114	137	171	159	163	216	191	154	136	86	55

图 4-14　全球柔性介电和衬底材料专利受理中美日韩同族专利时间趋势

4.1.2.3　主要专利权人分析

对全球柔性介电和衬底材料技术专利权人进行筛选分析发现，位于前十位的专利权人分别是：韩国三星和 LG；日本显示、半导体能源研究所和日立化学；中国 TCL 华星、京东方、维信诺、天马微电子和上海和辉光电公司。从全球柔性介电和衬底材料技术专利权人所属国家看：中国有 5 个、日本有 3 个、韩国有 2 个。除了日本半导体能源研究所属于研究机构外，其余均为企业，说明全球柔性介电和衬底材料技术已经进入全面应用期，见图 4-15。

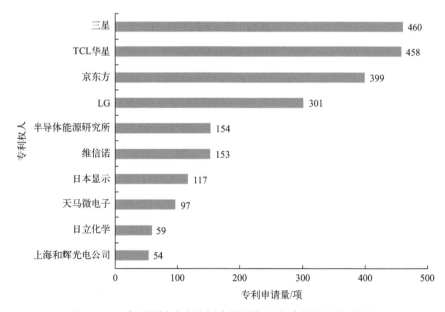

图 4-15　全球柔性介电和衬底材料专利申请前十位专利权人

4.1.2.4 专利技术构成分析

Derwent 手工代码（Derwent manual code）是由 Derwent 数据库专业人员根据专利文献的文摘和全文对发明的应用和发明的重要特点进行独家标引，能够准确反映专利技术的创新点及应用。对全球柔性介电和衬底材料专利申请的 Derwent 手工代码进行分析，通过 Derwent 手工代码可以看出柔性介电和衬底材料专利的技术构成，见表 4-2。

表 4-2 柔性介电和衬底材料前十位 Derwent 手工代码技术构成

序号	Derwent 手工代码	专利量 / 项	含义
1	U11-C01J8	2631	半导体材料衬底加工 - 半导体器件制造多步骤工艺 - 薄膜晶体管制造
2	U12-A01A1E	1066	半导体光电器件 -LED- 有机材料 LED
3	U12-A01A7	881	半导体光电器件 -LED- 发光二极管显示器
4	A12-E07C	663	聚合物应用 - 电路元件 - 半导体器件、集成电路等
5	L04-E03	640	半导体器件 - 发光器件
6	L03-G05	554	有机的电元件或材料 - 显示设备
7	A12-E11C	528	聚合物应用 - 光电元件 - 电致发光器件
8	U11-C01J2	408	半导体材料衬底加工 - 活性层性质 / 结构 / 材料 / 组成 - 半导体非晶 / 多晶薄膜
9	L04-C22	363	半导体加工 - 基材制造 - 新型衬底
10	U12-A01A2	354	半导体和电路器件 - 光电器件 - 发光二极管制造

从中国、韩国、日本和美国的专利技术构成布局（图 4-16）可以看出：

① 中国和韩国前三位的专利技术构成均为半导体材料薄膜晶体管制造、有机材料 LED 和半导体发光二极管显示；

② 日本前三位的专利技术构成分别是半导体材料薄膜晶体管制造、聚合物电致变色显示，以及聚合物半导体器件和集成电路；

③ 美国前三位的专利技术构成分别是半导体材料薄膜晶体管制造、聚合物半导体器件和集成电路半导体发光器件，以及有机材料 LED。

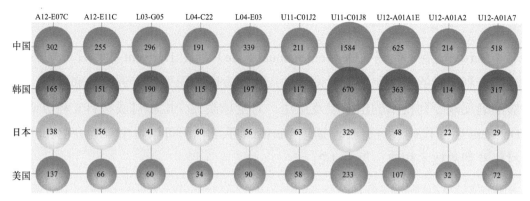

图 4-16　全球柔性介电和衬底材料中美日韩专利技术构成分布

4.1.2.5　专利技术主题分析

采用专利技术主题聚类分析，可以对专利技术相关主题词（词频）进行处理，并绘制技术和应用专利概念图，从而直观了解、深入探索专利技术的内容与创新。柔性介电和衬底材料专利技术聚类主要主题分布见图 4-17。

① 柔性介电和衬底材料：柔性多衬底、透明导电氧化物、树脂层薄膜、电荷传递聚合物、有机电子/致电材料、介电层、有机导电层、可折叠/弯曲区域、功能层区域、翻转衬底、载体衬底、石墨烯衬底、可折叠衬底等。

② 柔性介电和衬底材料器件制造及应用：OLED、OFET、可卷曲表面显示、柔性 OLED 显示板、柔性电子器件/显示器件制造、半导体制造、柔性电致发光、可折叠显示板、柔性光电器件等。

4.1.2.6　专利法律状态

专利的法律状态在侵权诉讼、产品引进、产品出口、技术转让、企业并购、新产品开发等方面都起到重要参考作用。柔性介电和衬底材料专利技术的法律状态如下：有效专利总占比 85.8%，其中授权专利 62.2%、申请中专利 23.6%，从申请专利数量可以看出，柔性介电和衬底材料专利技术数量还将持续上升；无效专利总占比 14.2%，其中撤销专利 7.5%、放弃专利 6.5%、过期专利 0.2%，见图 4-18。

4.1.3　柔性聚合物半导体材料

4.1.3.1　专利技术申请趋势分析

1991—2022 年（截止到 10 月），全球柔性聚合物半导体材料的 Derwent

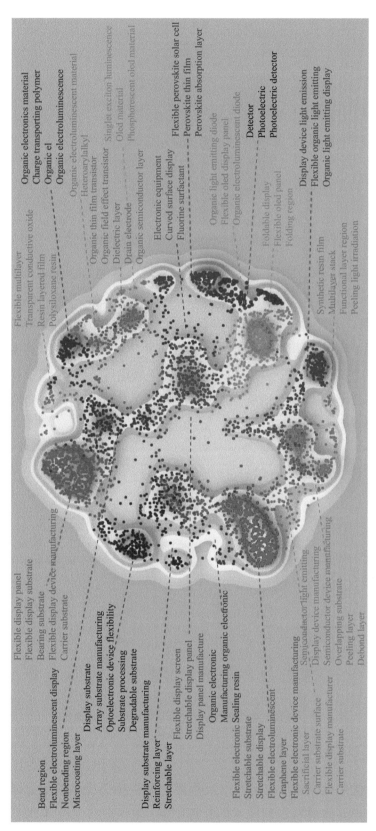

图4-17 全球柔性介电和衬底材料专利技术主题分布

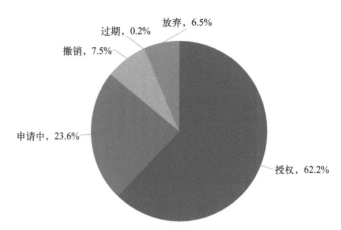

图 4-18　全球柔性介电和衬底材料专利技术法律状态

专利申请量为 8991 项，中国柔性聚合物半导体材料的 Derwent 专利申请量为 2775 项；2012—2022 年（截止到 10 月），全球柔性聚合物半导体材料专利申请量为 6162 项，中国柔性聚合物半导体材料专利申请量为 2470 项。

从 Derwent 专利申请时间趋势（图 4-19）可以看出：全球柔性聚合物半导体材料专利申请从 2001 年（99 项）进入快速增长阶段，2018 年（1064 项）申请量达到高峰。中国专利申请从 2012 年（99 项）进入快速增长阶段，2018 年（574 项）申请量达到高峰。

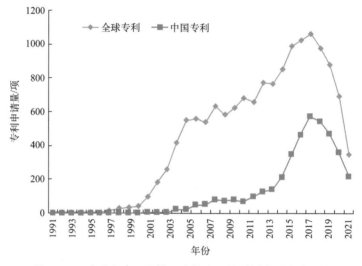

图 4-19　全球和中国柔性聚合物半导体材料专利申请趋势

4.1.3.2　主要专利技术国家 / 地区分析

专利最早优先权国家 / 地区在一定程度上反映相关技术的起源国家 / 地区，从柔性聚合物半导体材料专利技术的起源国家 / 地区分布（图 4-20）来看：

① 中国和韩国是柔性聚合物半导体材料专利申请量排名第一和第二的国家，总占比分别为30.88%和27.73%；日本和美国专利申请量位居第三和第四，总占比分别是16.24%和10.83%，四个国家专利申请量的总占比为85.66%，是最主要的专利技术起源国；

② 世界知识产权组织（WO）和欧专局专利申请量总占比分别为4.89%和2.45%。

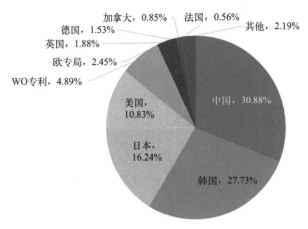

图4-20　全球柔性聚合物半导体材料前十位最早优先权国家/地区分布

从中国、韩国、日本和美国专利申请时间趋势（图4-21）可以看出：

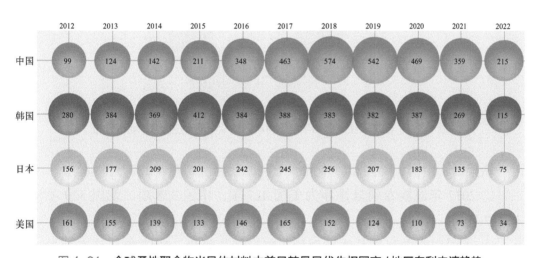

图4-21　全球柔性聚合物半导体材料中美日韩最早优先权国家/地区专利申请趋势

① 2012年专利申请量排序为韩国280项、美国161项、日本156项、中国99项；

② 中国专利申请量呈现快速增长的趋势，2018年专利申请量达到最高574项。2014年、2015年和2017年专利申请量分别超过美国、日本和韩国；

③ 韩国专利申请量 2015 年达到最高 412 项，随后保持稳定趋势；

④ 日本专利申请量平稳增长，2018 年达到最高 256 项；

⑤ 美国专利申请量一直保持相对稳定，2012—2020 年专利申请量为 110 ～ 165 项。

同族专利国家/地区申请/公开专利数量在一定程度上反映技术最终流入的市场情况，从柔性聚合物半导体材料专利技术的市场分布（图 4-22）看：

① 共有 30 个同族专利国家/地区，其中中国、美国、韩国和日本同族专利量总占比分别为 24.41%、19.97%、16.26% 和 12.68%，四个国家同族专利量总占比为 73.32%，可以说是最受重视的技术市场；

② 值得注意的是 WO 和欧专局同族专利量总占比分别为 13.93% 和 6.65%，说明柔性聚合物半导体材料专利权人注重技术在全球和欧洲市场的布局，尤其是全球布局。

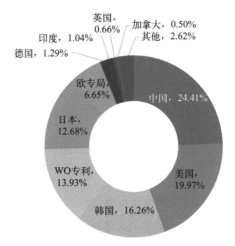

图 4-22　全球柔性聚合物半导体材料同族专利前十位国家/地区分布

从美国、中国、韩国和日本同族专利时间趋势（图 4-23）可以看出：

① 2012 年同族专利量排序为美国 427 项、中国 358 项、韩国 320 项和日本 317 项；

② 美国同族专利量总体呈现稳中略有增长趋势，2017 年同族专利量达到最高 631 项；

③ 中国同族专利量呈现快速增长的趋势，2017 年同族专利量超过美国，2018 年同族专利量达到最高 745 项；

④ 韩国同族专利量保持相对稳定，2012—2020 年同族专利量为 320 ～ 482 项；

⑤ 日本同族专利量保持相对稳定，2012—2020 年同族专利量为 265 ～ 381 项。

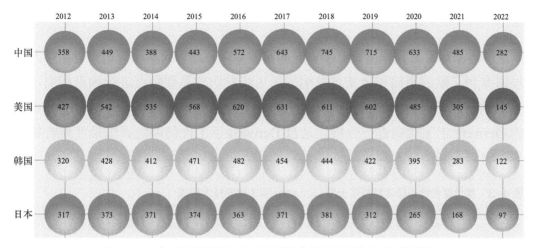

图 4-23　全球柔性聚合物半导体材料中美日韩同族专利时间趋势

4.1.3.3　主要专利权人分析

对全球柔性聚合物半导体材料技术专利权人进行筛选分析发现，位于前十位的专利权人分别是：韩国三星和 LG，中国 TCL 华星、京东方和维信诺，美国通用显示，以及日本住友、半导体能源研究所、柯尼卡和富士膜公司。从全球柔性聚合物半导体材料技术专利权人所属国家看：日本有 4 个、中国有 3 个，韩国有 2 个和美国有 1 个。除了日本半导体能源研究所属于研究机构外，其余均为企业，说明全球柔性聚合物半导体材料技术已经进入全面应用期，见图 4-24。

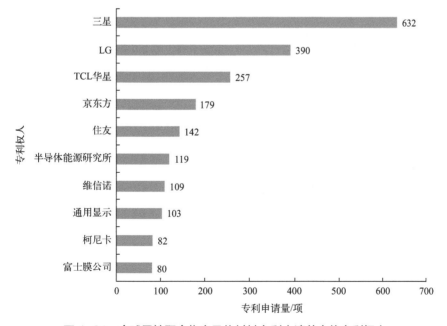

图 4-24　全球柔性聚合物半导体材料专利申请前十位专利权人

4.1.3.4　专利技术构成分析

Derwent 手工代码（Derwent manual code）是由 Derwent 数据库专业人员根据专利文献的文摘和全文对发明的应用和发明的重要特点进行独家标引，能够准确反映专利技术的创新点及应用。对全球柔性聚合物半导体材料专利申请的 Derwent 手工代码进行分析，通过 Derwent 手工代码可以看出柔性聚合物半导体材料专利的技术构成，见表 4-3。

表 4-3　柔性聚合物半导体材料前十位 Derwent 手工代码技术构成

序号	Derwent 手工代码	专利量 / 项	含义
1	A12-E11C	1472	聚合物应用 - 光电元件 - 电致发光器件
2	A12-E07C	1365	聚合物应用 - 电路元件 - 半导体器件、集成电路等
3	U12-A01A1E	1331	半导体光电器件 -LED- 有机材料 LED
4	L04-E03	1087	半导体器件 - 发光器件
5	L03-G05	896	有机的电元件或材料 - 显示设备
6	A12-E11	894	聚合物应用 - 光电用途
7	U11-C01J8	858	半导体材料衬底加工 - 半导体器件制造多步骤工艺 - 薄膜晶体管制造
8	U12-A01A7	790	半导体光电器件 -LED- 发光二极管显示器
9	U11-C01J2	698	半导体材料衬底加工 - 活性层性质 / 结构 / 材料 / 组成 - 半导体非晶 / 多晶薄膜
10	L03-G09G	693	有机的电元件或材料 - 半导体荧光或发光材料

从中国、韩国、日本和美国的专利技术构成布局（图 4-25）可以看出：

① 中国前三位的专利技术构成为聚合物电致变色显示、有机材料 LED，以及聚合物半导体器件和集成电路半导体发光器件；

② 韩国前三位的专利技术构成分别是聚合物电致变色显示、有机材料 LED，以及半导体发光器件；

③ 日本前三位的专利技术构成分别是聚合物电致变色显示、聚合物半导体

器件和集成电路半导体发光器件，以及聚合物光电用途；

④ 美国前三位的专利技术构成分别是有机材料 LED、聚合物半导体器件和集成电路半导体发光器件，以及半导体发光器件。

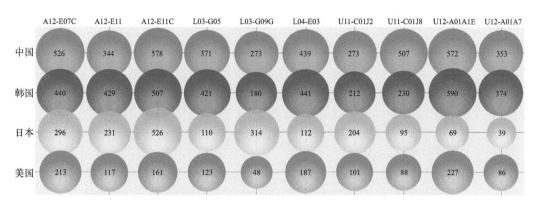

图 4-25　全球柔性聚合物半导体材料前四位国家专利技术构成分布

4.1.3.5　专利技术主题分析

采用专利技术主题聚类分析，可以对专利技术相关主题词（词频）进行处理，并绘制技术和应用专利概念图，从而直观了解、深入探索专利技术的内容与创新。全球柔性聚合物半导体材料专利技术聚类主题分布见图 4-26。

① 柔性聚合物半导体材料：柔性显示衬底、功能膜、弹性层、封装膜、透明导电膜、多层发光衬底、柔性电极、半导体层、有机半导体薄膜 / 材料、可弯曲化合物、OLED 材料、有机光电组分、有机发光化合物共轭聚合物、封装材料、聚亚酰胺膜等。

② 柔性聚合物半导体材料制造及应用：光电转换层、栅绝缘层、功能层区域、显示器件 / 板制造、可折叠显示、柔性显示板、OLED、OTFT 柔性电子、柔性透明电极、柔性有机 EL 制造、柔性电极、柔性有机太阳能电池、聚合物太阳能电池、柔性有机致电发光器件等。

4.1.3.6　专利法律状态

专利的法律状态在侵权诉讼、产品引进、产品出口、技术转让、企业并购、新产品开发等方面都起到重要参考作用。柔性聚合物半导体材料专利技术的法律状态（图 4-27）如下：有效专利总占比 **84.6%**，其中授权专利 **59.8%**、申请中专利 **24.9%**，从申请专利数量可以看出，柔性聚合物半导体材料专利技

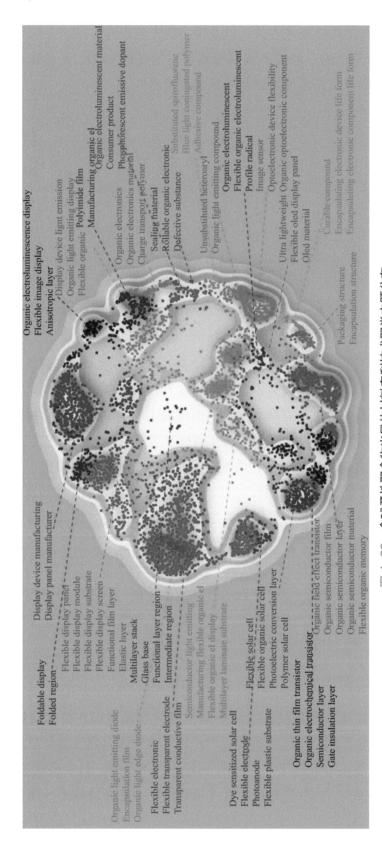

图 4-26　全球柔性聚合物半导体材料专利技术聚类主题分布

术数量还将持续上升；无效专利总占比 15.6%，其中撤销专利 7.0%、放弃专利8.2%、过期专利 0.4%。

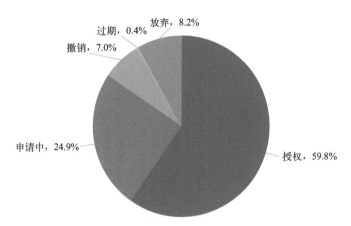

图 4-27　全球柔性聚合物半导体材料专利技术法律状态

4.2
器件

4.2.1　聚合物半导体晶体管

4.2.1.1　专利技术申请趋势分析

1986—2022 年（截止到 10 月），全球聚合物半导体晶体管的专利申请量为 27981 项，中国聚合物半导体晶体管的专利申请量为 6228 项。

从专利申请时间趋势可以看出：全球聚合物半导体晶体管专利申请从 2000年（151 项）开始进入快速增长阶段，2008 年（2300 项）申请量达到第一次高峰，2009 年（3106 项）申请量达到第二次高峰。中国专利申请从 2006 年（120项）前后进入增长阶段，2019 年（1320 项）申请量达到高峰，见图 4-28。

4.2.1.2　主要专利技术国家 / 地区分析

专利最早优先权国家 / 地区在一定程度上反映相关技术的起源国家 / 地区，从聚合物半导体晶体管专利技术的起源国家 / 地区分布（图 4-29）来看：

① 韩国和日本是聚合物半导体晶体管专利申请量排名第一和第二的国家，总占比分别为 30.85% 和 28.66%；中国和美国专利申请量位居第三和第四，总

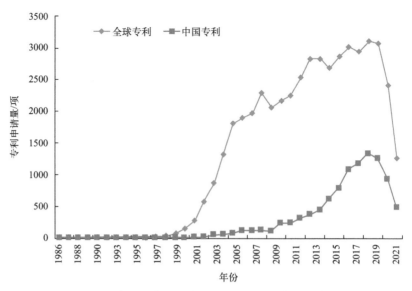

图 4-28　全球和中国聚合物半导体晶体管专利申请趋势

占比分别是 18.02% 和 10.17%，四个国家专利申请量的总占比为 87.69%，是最主要的专利技术起源国；

② 欧专局和世界知识产权组织（WO）专利申请量总占比分别为 3.64% 和 3.63%。

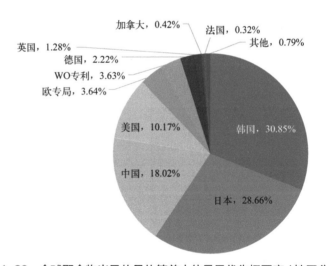

图 4-29　全球聚合物半导体晶体管前十位最早优先权国家 / 地区分布

从韩国、日本、中国和美国 2002—2022 年专利申请时间趋势（图 4-30）可以看出：

① 2002 年专利申请量排序为日本 286 项、美国 216 项、韩国 57 项和中国 18 项；

② 韩国专利申请量呈现增长的趋势，2020 年专利申请量达到最高 1512 项（2021—2022 年数据尚不完整）；

③ 日本专利申请量 2008 年达到最高 1208 项后，2009—2020 年略有减少，保持在 800 ～ 1144 项之间；

④ 中国专利申请量呈现增长的趋势，2019 年专利申请量达到最高 1320 项；

⑤ 美国专利申请量一直保持相对稳定，2002—2020 年专利申请量为 216 ～ 398 项。

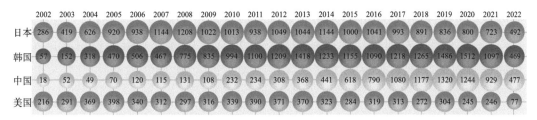

	2002	2003	2004	2005	2006	2007	2008	2009	2010	2011	2012	2013	2014	2015	2016	2017	2018	2019	2020	2021	2022
日本	286	419	626	920	938	1144	1208	1022	936	938	1049	1044	1144	1000	1041	993	891	836	800	723	492
韩国	57	152	318	470	506	467	775	835	994	1100	1209	1418	1233	1155	1090	1218	1265	1486	1512	1097	469
中国	18	52	49	70	120	115	131	108	232	234	308	368	441	618	790	1080	1177	1320	1244	929	477
美国	216	291	369	398	340	312	297	316	339	390	371	370	323	284	319	313	272	304	245	246	77

图 4-30　全球聚合物半导体晶体管中美日韩最早优先权国家 / 地区专利申请趋势

同族专利国家 / 地区申请 / 公开专利数量在一定程度上反映技术最终流入的市场情况，从聚合物半导体晶体管专利技术的市场分布（图 4-31）看：

① 共有 41 个同族专利国家 / 地区，其中美国、日本、中国和韩国同族专利量总占比分别为 22.20%、18.94%、18.64% 和 16.25%，四个国家同族专利量总占比为 76.03%，可以说是最受重视的技术市场；

② 值得注意的是 WO 和欧专局同族专利量总占比分别为 11.49% 和 6.83%，说明聚合物半导体晶体管专利权人注重技术在全球和欧洲市场的布局。

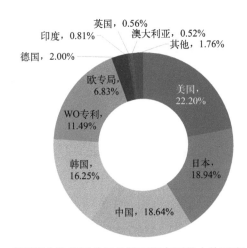

图 4-31　全球聚合物半导体晶体管同族专利前十位国家 / 地区分布

从美国、日本、中国和韩国 2002—2022 年同族专利时间趋势（图 4-32）可以看出：

① 2002 年同族专利量排序为日本 477 项、美国 437 项、中国 274 项和韩国 236 项；

② 日本同族专利量 2008 年达到最高 1678 项后，2009—2020 年略有下降，保持在 975 ~ 1524 项之间；

③ 美国同族专利量呈现增长的趋势，2019 年同族专利量达到最高 2336 项；

④ 中国同族专利量呈现增长的趋势，2015 年同族专利量超过日本，2020 年同族专利量超过美国，2019—2020 年同族专利量突破 2000 项，为 2218 ~ 2203 项；

⑤ 韩国同族专利量呈现增长的趋势，2013 年同族专利量超过日本，2020 年同族专利量达到最高 1675 项。

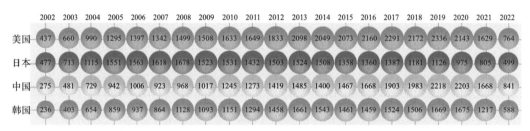

图 4-32　全球聚合物半导体晶体管中美日韩同族专利时间趋势

4.2.1.3　主要专利权人分析

对全球聚合物半导体晶体管技术专利权人进行筛选分析发现，位于前十位的专利权人分别是：韩国三星、LG 和德山，日本半导体能源研究所、索尼、精工爱普生和富士，中国京东方和 TCL 华星，以及德国默克专利公司。从全球聚合物半导体晶体管技术专利权人所属国家看：日本有 4 个、韩国有 3 个，中国有 2 个和德国有 1 个。除了日本半导体能源研究所属于研究机构外，其余均为企业，说明全球聚合物半导体晶体管技术已经进入全面应用期，见图 4-33。

4.2.1.4　专利技术构成分析

Derwent 手工代码（Derwent manual code）是由 Derwent 数据库专业人员根据专利文献的文摘和全文对发明的应用和发明的重要特点进行独家标引，能够准确反映专利技术的创新点及应用。对全球聚合物半导体晶体管专利申请的 Derwent 手工代码进行分析，通过 Derwent 手工代码可以看出聚合物半导体晶体管专利的技术构成，见表 4-4。

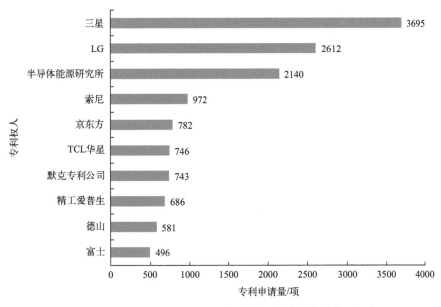

图 4-33　全球聚合物半导体晶体管专利申请前十位专利权人

表 4-4　聚合物半导体晶体管前十位 Derwent 手工代码技术构成

序号	Derwent 手工代码	专利量 / 项	含义
1	U12-B03A	7652	有机半导体器件 - 薄膜晶体管
2	U12-A01A1E	6155	半导体和电路器件 - 光电器件 -LED- 有机材料 LED
3	L04-E01E	6058	半导体器件 - 薄膜晶体管
4	L04-E01	5644	半导体器件 - 晶体管
5	U11-C01J2	4966	半导体材料衬底加工 - 活性层性质 / 结构 / 材料 / 组成 - 半导体非晶 / 多晶薄膜
6	U14-J02D2	4625	电致发光光源 - 电致发光显示结构 - 有机或聚合物电致发光显示器
7	U12-A01A7	4353	半导体光电器件 -LED- 发光二极管显示器
8	L03-G05F	4008	有机电子元件或材料 - 显示设备 - 电致发光显示器（EL）及器件
9	L04-E03	3947	半导体器件 - 发光器件
10	X15-A02F	3395	太阳能 - 直接转换太阳能 / 光伏 - 有机太阳能电池

从日本、韩国、中国和美国的专利技术构成布局（图 4-34）可以看出：

① 日本前三位的专利技术构成分别是有机半导体薄膜晶体管、有机或聚合

物电致发光显示器和半导体薄膜晶体管；

② 韩国前三位的专利技术构成分别是有机材料 LED、有机半导体薄膜晶体管、半导体发光二极管显示；

③ 中国前三位的专利技术构成分别是有机材料 LED、有机半导体薄膜晶体管、半导体晶体管；

④ 美国前三位的专利技术构成分别是有机半导体薄膜晶体管、半导体薄膜晶体管、半导体晶体管。

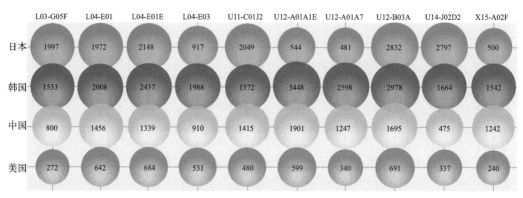

	L03-G05F	L04-E01	L04-E01E	L04-E03	U11-C01J2	U12-A01A1E	U12-A01A7	U12-B03A	U14-J02D2	X15-A02F
日本	1997	1972	2148	917	2049	544	481	2832	2797	500
韩国	1533	2008	2437	1988	1572	3448	2598	2978	1664	1542
中国	800	1456	1339	910	1415	1901	1247	1695	475	1242
美国	272	642	684	531	480	599	340	691	337	240

图 4-34　全球聚合物半导体晶体管中美日韩专利技术构成分布

4.2.1.5　专利技术主题分析

采用专利技术主题聚类分析，可以对专利技术相关主题词（词频）进行处理，并绘制技术和应用专利概念图，从而直观了解、深入探索专利技术的内容与创新。全球聚合物半导体晶体管专利技术（由于数量超过分析上限，仅对有效专利进行聚类）聚类主题分布见图 4-35。

① 聚合物半导体晶体管材料：共轭聚合物、发光化合物、杂环烷基、有机电致发光材料、有机半导体层，有机半导体薄膜、多环芳香族化合物、导电层、有机分子、半导体层、光敏树脂、可弯曲膜、光聚合引发剂、有机功能层、光电转换层等。

② 聚合物半导体晶体管器件制造及应用：有机封装层、OLED 显示基板、显示基板、阵列基板、柔性显示层、可弯曲区域、有源矩阵有机、有机光电、有机电子、柔性显示面板、可折叠显示、触屏显示/传感器/电极、半导体器件、OLED、OTFT、有机发光显示器件、有机致电发光显示/面板、显示面板、像素电极/电路、有机电化学晶体管、有机场效应晶体管、有机发光晶体管、

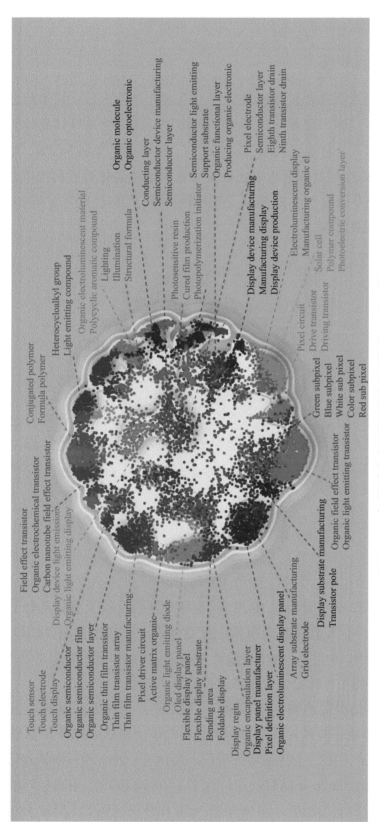

图 4-35 全球聚合物半导体晶体管专利技术聚类主题分布

驱动电路、碳纳米场效应晶体管、漏极、栅极等。

4.2.1.6 专利法律状态

专利的法律状态在侵权诉讼、产品引进、产品出口、技术转让、企业并购、新产品开发等方面都起到重要参考作用。聚合物半导体晶体管专利技术的法律状态如下：有效专利总占比 72.2%，其中授权专利 54.7%、申请中专利 17.5%，从申请专利数量可以看出，聚合物半导体晶体管专利技术数量还将持续上升；无效专利总占比 27.8%，其中撤销专利 7.2%、放弃专利 19.3%、过期专利 1.3%，见图 4-36。

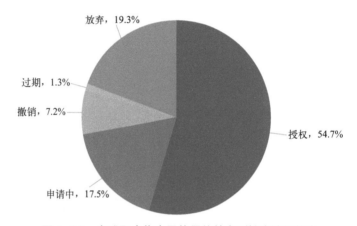

图 4-36　全球聚合物半导体晶体管专利技术法律状态

4.2.2　柔性聚合物半导体晶体管

4.2.2.1　专利技术申请趋势分析

1995—2022 年（截止到 10 月），全球柔性聚合物半导体晶体管专利申请量为 4320 项，中国柔性聚合物半导体晶体管专利申请量为 1020 项。2012—2022 年（截止到 10 月），全球柔性聚合物半导体晶体管专利申请量为 3135 项，中国柔性聚合物半导体晶体管专利申请量为 949 项。

从专利申请时间趋势（图 4-37）可以看出：全球专利申请从 2003 年（91 项）进入快速增长阶段，2005 年（302 项）申请量达到第一个高峰，从 2011 年（324 项）进入第二个快速增长阶段，2018 年（572 项）申请量达到第二个高峰，2019 年和 2020 年略有减少，为 514 项和 449 项。中国专利申请从 2015 年（99 项）呈现增加趋势，2019 年和 2020 年分别达到 225 项和 187 项。

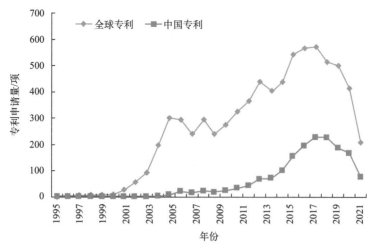

图 4-37　全球和中国柔性聚合物半导体晶体管专利申请趋势

4.2.2.2　主要专利技术国家 / 地区分析

专利最早优先权国家 / 地区在一定程度上反映相关技术的起源国家 / 地区，从柔性聚合物半导体晶体管专利技术的起源国家 / 地区分布（图 4-38）来看：

① 韩国和中国是柔性聚合物半导体晶体管专利申请量排名第一和第二的国家，总占比分别为 31.84% 和 23.96%；日本和美国专利申请量位居第三和第四，总占比分别是 18.23% 和 11.26%，四个国家专利申请量的总占比为 85.28%，是最主要的专利技术起源国；

② 世界知识产权组织（WO）和欧专局专利申请量总占比分别为 5.18% 和 3.43%。

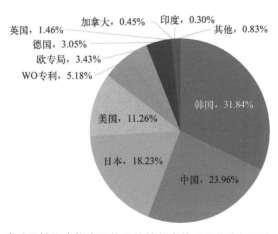

图 4-38　全球柔性聚合物半导体晶体管前十位最早优先权国家 / 地区分布

从韩国、中国和日本的专利申请时间趋势（图 4-39）可以看出：

① 2012 年韩国专利申请量最高，为 199 项，2012—2018 年专利申请量呈

现增长的趋势，达到 226 项，随后专利申请量保持相对稳定；

② 2012 年中国专利申请量最少，为 42 项，2012—2019 年申请量呈现快速增长的趋势，2014 年、2016 年和 2019 年分别超过美国、日本和韩国，至 2020 年专利申请量比韩国略低；

③ 日本 2012 年专利申请量为 96 项，2012—2017 年逐渐增加，达到 149 项，随后专利申请量保持相对稳定；

④ 美国专利申请量相对稳定，2012—2020 年保持在 55 ～ 86 项间。

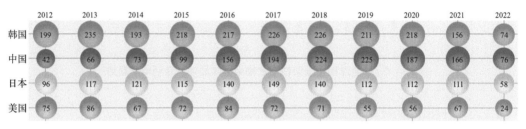

图 4-39　全球柔性聚合物半导体晶体管中美日韩最早优先权国家 / 地区专利申请趋势

同族专利国家 / 地区申请 / 公开专利数量在一定程度上反映技术最终流入的市场情况，从柔性聚合物半导体晶体管专利技术的市场分布（图 4-40）看：

① 共有 27 个同族专利国家 / 地区，其中美国、中国、韩国和日本同族专利量总占比分别为 25.12%、21.19%、17.20% 和 11.47%，四个国家同族专利量总占比为 74.98%，可以说是最受重视的技术市场；

② 值得注意的是 WO 和欧专局同族专利量总占比分别为 12.95% 和 6.81%，说明柔性聚合物半导体晶体管专利权人注重技术在全球和欧洲市场的布局。

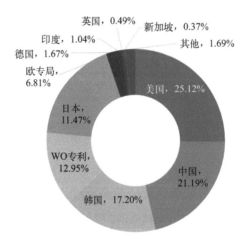

图 4-40　全球柔性聚合物半导体晶体管同族专利前十位国家 / 地区分布

从美国、中国、韩国和日本同族专利时间趋势（图 4-41）可以看出：

① 2012 年同族专利量排序为美国 274 项、韩国 240 项、中国 205 项和日本 192 项；

② 2012—2020 年美国和中国同族专利量呈现增长趋势，美国 2017 年同族专利量达到最高 433 项，中国 2016 年同族专利量超过韩国，2019 年同族专利量达到最高 366 项；

③ 韩国和日本同族专利量总体从增长的趋势，逐步趋于保持相对稳定。

图 4-41　全球柔性聚合物半导体晶体管专利受理中美日韩专利公开趋势

4.2.2.3　主要专利权人分析

对全球柔性聚合物半导体晶体管技术专利权人进行筛选分析发现，位于前十位的专利权人分别是：韩国三星显示和 LG 显示；日本显示、半导体能源研究所、夏普、住友化学；中国 TCL 华星、京东方；德国赛诺拉，以及美国通用显示。从全球柔性聚合物半导体晶体管技术专利权人所属国家看：日本有 4 个，韩国和中国各有 2 个，德国和美国各有 1 个。除了日本半导体能源研究所属于研究机构外，其余均为企业，说明全球柔性聚合物半导体晶体管技术已经进入全面应用期，见图 4-42。

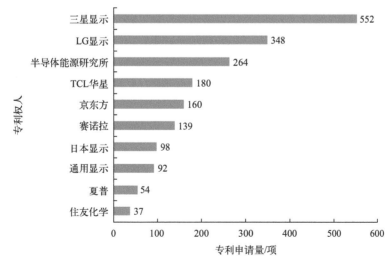

图 4-42　全球柔性聚合物半导体晶体管专利申请前十位专利权人

4.2.2.4 专利技术构成分析

Derwent 手工代码（Derwent manual code）是由 Derwent 数据库专业人员根据专利文献的文摘和全文对发明的应用和发明的重要特点进行独家标引，能够准确反映专利技术的创新点及应用。对全球柔性聚合物半导体晶体管专利申请的 Derwent 手工代码进行分析，通过 Derwent 手工代码可以看出柔性聚合物半导体晶体管专利的技术构成，见表 4-5。

表 4-5 柔性聚合物半导体晶体管前十位 Derwent 手工代码技术构成

序号	Derwent 手工代码	专利量 / 项	含义
1	U12-A01A1E	991	半导体和电路器件 - 光电器件 -LED- 有机材料 LED
2	U12-B03A	825	有机半导体器件 - 薄膜晶体管
3	U12-A01A7	680	半导体和电路器件 - 光电器件 -LED- 发光二极管显示器
4	U11-C01J2	662	半导体材料衬底加工 - 活性层性质 / 结构 / 材料 / 组成 - 半导体非晶 / 多晶薄膜
5	L04-E01E	659	半导体器件 - 晶体管 - 薄膜晶体管
6	L04-E01	650	半导体器件 - 晶体管
7	L04-E03	624	半导体器件 - 发光器件
8	A12-E07C	489	聚合物应用 - 光电用途 - 电致发光器件
9	U11-C01J8	489	半导体材料衬底加工 - 基板活性层性质 / 结构 / 材料 / 组成等
10	L03-G05	460	有机电子元件或材料 - 显示设备

从中国、美国和韩国的专利技术构成布局（图 4-43）可以看出：

① 韩国前三位的专利技术构成分别是有机材料 LED、有机薄膜晶体管、发光二极管显示；

② 中国前三位的专利技术构成分别是有机材料 LED、有机薄膜晶体管、半导体非晶 / 多晶薄膜加工；

③ 日本前三位的专利技术构成分别是半导体非晶 / 多晶薄膜加工、半导体晶体管、半导体薄膜晶体管；

④ 美国前三位的专利技术构成分别是有机材料 LED、半导体发光器件、有机薄膜晶体管。

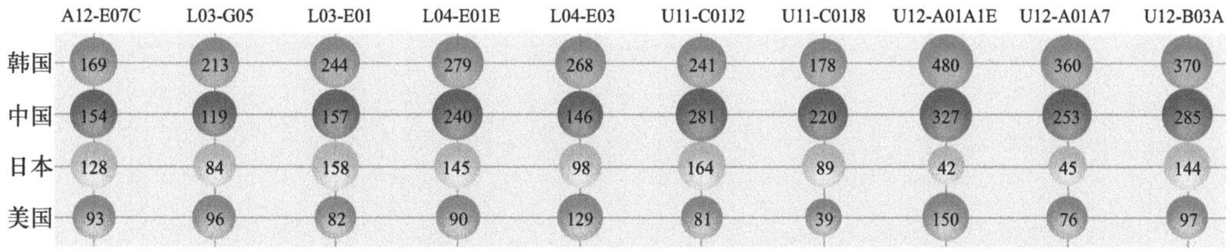

	A12-E07C	L03-G05	L03-E01	L04-E01E	L04-E03	U11-C01J2	U11-C01J8	U12-A01A1E	U12-A01A7	U12-B03A
韩国	169	213	244	279	268	241	178	480	360	370
中国	154	119	157	240	146	281	220	327	253	285
日本	128	84	158	145	98	164	89	42	45	144
美国	93	96	82	90	129	81	39	150	76	97

图 4-43　全球柔性聚合物半导体晶体管前四位国家专利技术构成分布

4.2.2.5　专利技术主题分析

采用专利技术主题聚类分析，可以对专利技术相关主题词（词频）进行处理，并绘制技术和应用专利概念图，从而直观了解、深入探索专利技术的内容与创新。全球柔性聚合物半导体晶体管专利技术聚类主题分布见图 4-44。

① 柔性聚合物半导体晶体管材料：有机电子材料、导电薄膜、掺杂半导体层 / 介电层、异质结层状结构、聚酰亚胺前体 / 薄膜、有机致电发光材料、柔性基板层、可卷曲膜、载体衬底、层压衬底、电子传递辅助层、有机分子等；

② 柔性聚合物半导体晶体管器件制造及应用：柔性有机致电发光显示、可折叠显示、透明柔性显示屏、触摸电极阵列、有机光电、半导体器件 / 显示器件、显示基板、可伸缩电子、可伸缩 / 柔性 / 有机薄膜晶体管、可伸缩 / 有机场效应晶体管、OLED、有机电致发光晶体管、晶体管制造等。

4.2.2.6　专利法律状态

专利的法律状态在侵权诉讼、产品引进、产品出口、技术转让、企业并购、新产品开发等方面都起到重要参考作用。柔性聚合物半导体晶体管专利技术的法律状态如下：有效专利总占比 89.5%，其中授权专利 66.8%、申请中专利 22.7%，从申请专利数量可以看出，柔性聚合物半导体晶体管专利技术数量还将持续上升；无效专利总占比 10.5%，其中撤销专利 4.0%、放弃专利 6.1%、过期专利 0.4%，见图 4-45。

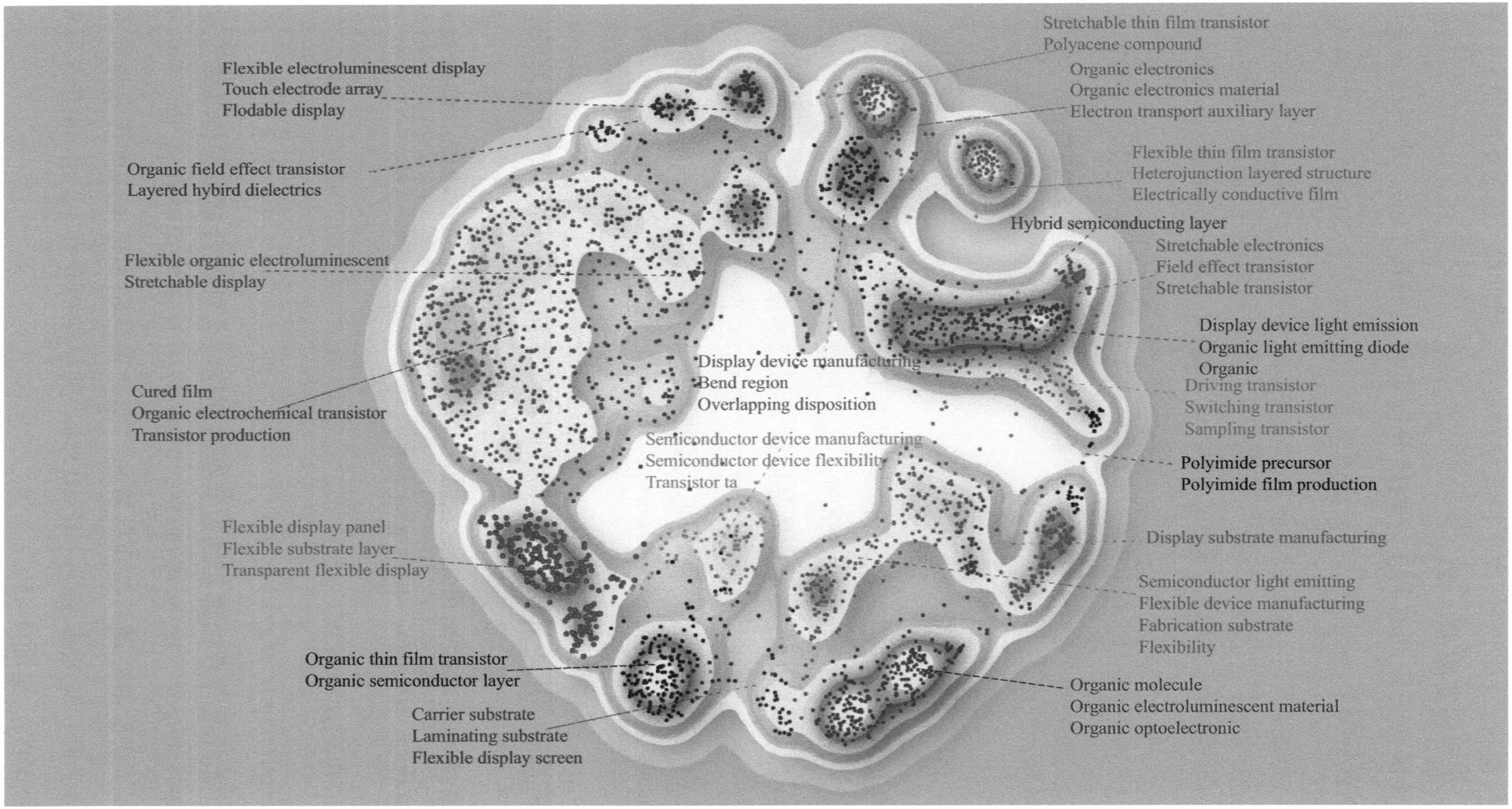

图 4-44　全球柔性聚合物半导体晶体管专利技术聚类主题分布

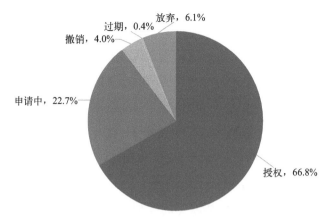

图 4-45　全球柔性聚合物半导体晶体管专利技术法律状态

4.2.3　柔性聚合物半导体显示及电致发光器件

4.2.3.1　专利技术申请趋势分析

1991—2022 年（截止到 10 月），全球柔性聚合物半导体显示及电致发光器件专利申请量为 17544 项，中国柔性聚合物半导体显示及电致发光器件专利申请量为 5964 项。2012—2022 年（截止到 10 月），全球柔性聚合物半导体显示及电致发光器件专利申请量为 14843 项，中国柔性聚合物半导体显示及电致发光器件专利申请量为 5774 项。

从专利申请时间趋势可以看出：全球专利申请从 2002 年（152 项）呈现快速增长趋势，2016 年突破 2229 项，2019 年和 2020 年分别达到 3176 项和 3085 项。中国专利申请 2012 年为 109 项，2017 年突破 1088 项，2019 年和 2020 年分别达到 1597 项和 1465 项。中国专利申请快速增长趋势与全球相同，见图 4-46。

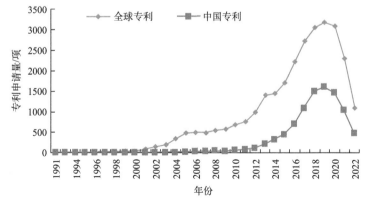

图 4-46　全球和中国柔性有机聚合物半导体显示及电致发光器件专利申请趋势

专利最早优先权国家/地区在一定程度上反映相关技术的起源国家/地区，从柔性聚合物半导体显示及电致发光器件专利技术的起源国家/地区分布（图4-47）来看：

① 韩国和中国是柔性聚合物半导体显示及电致发光器件专利申请量排名第一和第二的国家，总占比分别为33.37%和31.18%；美国和日本专利申请量位居第三和第四，总占比分别是17.51%和9.56%，四个国家专利申请量的总占比为91.63%，是最主要的专利技术起源国；

② 世界知识产权组织（WO）和欧专局专利申请量总占比分别为5.18%和1.19%。

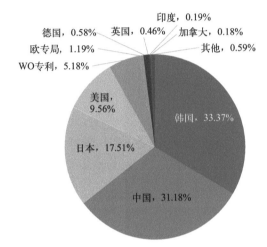

图4-47　全球柔性聚合物半导体显示及电致发光器件前十位最早优先权国家/地区分布

从韩国、中国、日本和美国的专利申请时间趋势（图4-48）可以看出：

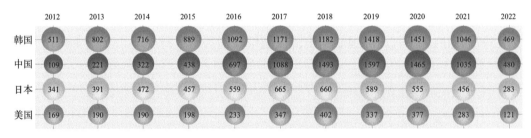

图4-48　全球柔性聚合物半导体显示及电致发光器件中美日韩专利申请趋势

① 2012年四国中韩国专利申请量最高（511项），2012—2020年其专利申请量呈现增长的趋势，2020年专利申请量达到最高（1451项）；

② 中国2012年专利申请量最少（109项），2012—2020年申请量呈现快速增长的趋势，2013年、2016年和2018年分别超过美国、日本和韩国，至今专利申请量与韩国不相上下；

③ 日本 2012 年专利申请量为 341 项，2012—2017 年专利申请量呈增加趋势，达到 665 项后，专利申请量逐步趋于相对稳定；

④ 美国 2012 年专利申请量为 169 项，2012—2018 年专利申请量逐渐增加，达到 402 项后，专利申请量逐步趋于相对稳定。

同族专利国家 / 地区申请 / 公开专利数量在一定程度上反映技术最终流入的市场情况，从柔性聚合物半导体显示及电致发光器件专利技术的市场分布（图 4-49）看：

① 共有 30 个同族专利国家 / 地区，其中中国、美国、韩国和日本同族专利量总占比分别为 25.78%、24.58%、17.86% 和 10.85%，四个国家同族专利量总占比为 79.07%，可以说是最受重视的技术市场；

② 值得注意的是 WO 和欧专局同族专利量总占比分别为 12.23% 和 5.06%，说明柔性聚合物半导体显示及电致发光器件专利权人注重技术在全球和欧洲市场的布局。

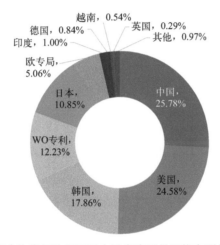

图 4-49 **全球柔性聚合物半导体显示及电致发光器件同族专利前十位国家 / 地区分布**

从中国、美国、韩国和日本同族专利时间趋势（图 4-50）可以看出：

① 2012 年同族专利量排序为美国 665 项、韩国 592 项、中国 522 项和日本 500 项；

② 2016 年和 2018 年中国同族专利量分别超过韩国和美国；

③ 中国、美国、韩国和日本的专利受理量总体从增长的趋势，逐步趋于相对稳定。

4.2.3.3 主要专利权人分析

对全球柔性聚合物半导体显示及电致发光器件技术专利权人进行筛选分析发现，位于前十位的专利权人分别是：韩国三星显示和 LG 显示，中国京东方、

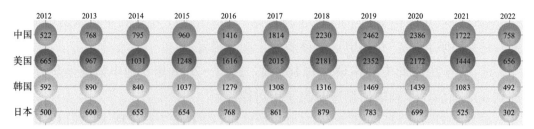

| 2012 | 2013 | 2014 | 2015 | 2016 | 2017 | 2018 | 2019 | 2020 | 2021 | 2022 |

中国 522 768 795 960 1416 1814 2230 2462 2386 1722 758

美国 665 967 1031 1248 1616 2015 2181 2352 2172 1444 656

韩国 592 890 840 1037 1279 1308 1316 1469 1439 1083 492

日本 500 600 655 654 768 861 879 783 699 525 302

图 4-50　全球柔性有机聚合物半导体显示 / 电致发光器件欧美日韩同族专利时间趋势

TCL 华星、维信诺和天马微电子，美国通用显示，以及日本显示、半导体能源研究所和住友化学。从全球柔性聚合物半导体显示及电致发光器件技术专利权人所属国家看：中国有 4 个、日本有 3 个、韩国有 2 个、美国有 1 个。除了日本半导体能源研究所属于研究机构外，其余均为企业，说明全球柔性聚合物半导体显示及电致发光器件技术已经进入全面应用期，见图 4-51。

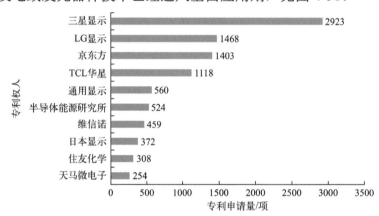

图 4-51　全球柔性聚合物半导体显示及电致发光器件专利申请前十位专利权人

4.2.3.4　专利技术构成分析

Derwent 手工代码（Derwent manual code）是由 Derwent 数据库专业人员根据专利文献的文摘和全文对发明的应用和发明的重要特点进行独家标引，能够准确反映专利技术的创新点及应用。对全球柔性聚合物半导体显示及电致发光器件专利申请的 Derwent 手工代码进行分析，通过 Derwent 手工代码可以看出柔性聚合物半导体显示及电致发光器件专利的技术构成，见表 4-6。

表 4-6　柔性有机聚合物半导体显示 / 电致发光器件 Derwent 手工代码技术构成

序号	Derwent 手工代码	专利量 / 项	含义
1	U12-A01A1E	5202	半导体和电路器件 - 光电器件 -LED- 有机材料 LED
2	U12-A01A7	4372	半导体和电路器件 - 光电器件 -LED- 发光二极管显示器

序号	Derwent 手工代码	专利量 / 项	含义
3	L04-E03	2305	半导体器件 – 发光器件
4	L03-G05	2291	有机电子元件或材料 – 显示设备
5	U11-C01J8	2072	半导体材料衬底加工 – 基板活性层性质 / 结构 / 材料 / 组成等
6	A12-E11C	2041	聚合物应用 – 光电用途 – 电致发光器件
7	U14-J02D2	1939	电致发光光源 – 电致发光显示结构 – 有机或聚合物电致发光显示器
8	W01-C01D3C	1727	通信 – 用户移动无线电话 – 便携式、手持式
9	L03-G09G	1559	有机电子元件或材料 – 其他有机电材料 – 荧光和发光材料半导体制造
10	L03-G05F	1468	有机电子元件或材料 – 显示设备 – 电致发光显示器（EL）及器件

从中国、美国、韩国和日本的专利技术构成布局（图 4-52）可以看出：

① 韩国前三位的专利技术构成分别是有机材料 LED、半导体和电路发光二极管显示、有机电子元件或材料显示设备；

② 中国前三位的专利技术构成分别是有机材料 LED、半导体和电路发光二极管显示、半导体材料衬底加工（活性层等）；

③ 日本前三位的专利技术构成分别是有机 / 聚合物电致发光显示器、有机电子元件或材料电致发光显示器（EL）及器件、聚合物电致发光器件；

④ 美国前三位的专利技术构成分别是有机 / 聚合物电致发光显示器、有机材料 LED、半导体发光器件。

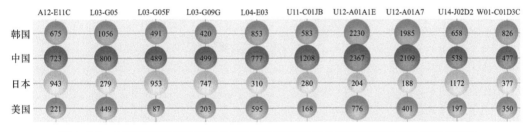

图 4-52　全球柔性聚合物半导体显示及电致发光器件欧美日韩专利技术构成分布

4.2.3.5　专利技术主题分析

采用专利技术主题聚类分析，可以对专利技术相关主题词（词频）进行处理，并绘制技术和应用专利概念图，从而直观了解、深入探索专利技术的内容与创新。全球柔性聚合物半导体显示及电致发光器件专利技术聚类主题分布见图 4-53。

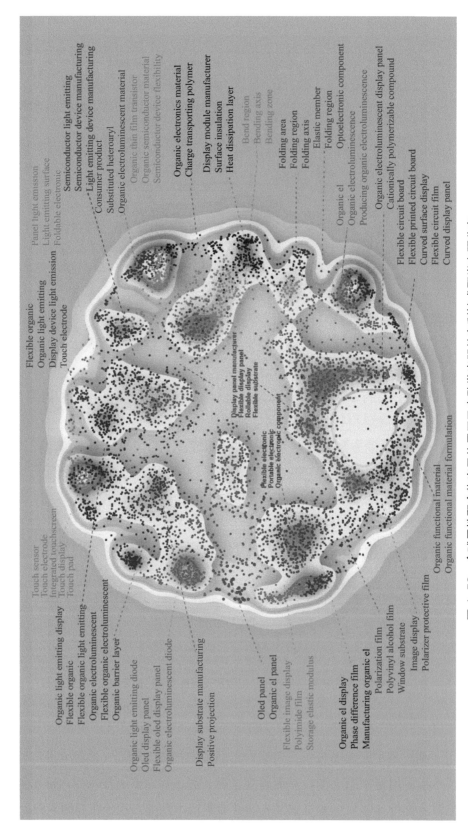

图 4-53　全球柔性聚合物半导体显示及电致发光器件专利技术聚类主题分布

① 柔性聚合物半导体显示及电致发光器件材料：柔性有机电子／发光／致电发光材料／组分、有机半导体材料、有机功能性材料／配方、光电组分、阳离子聚合化合物、电荷传输聚合物、有机屏障层、表面绝缘、散热层、聚酰亚胺／聚乙烯醇／相位差薄膜、极化保护膜、发光半导体、柔性电路薄膜和弹性膜、取代杂芳基、可折叠／可弯曲区域等。

② 柔性聚合物半导体显示及电致发光器件制造及应用：可折叠电子、柔性／可弯曲／可印刷电路板，柔性／可卷曲显示屏、OLED、有机薄膜晶体管、柔性有机电致发光器件、柔性／可携带／可折叠电子、柔性图像显示、柔性半导体器件、OLED／有机 EL 显示基板／组件、发光／半导体器件、触摸屏/PAD/显示器／传感器／电极等。

4.2.3.6　专利法律状态

专利的法律状态在侵权诉讼、产品引进、产品出口、技术转让、企业并购、新产品开发等方面都起到重要参考作用。柔性聚合物半导体显示及电致发光器件专利技术的法律状态如下：有效专利总占比 89.6%，其中授权专利 62.9%、申请中专利 26.7%，从申请专利数量可以看出，柔性聚合物半导体显示及电致发光器件专利技术数量还将持续上升；无效专利总占比 10.4%，其中撤销专利 4.5%、放弃专利 5.5%、过期专利 0.5%，见图 4-54。

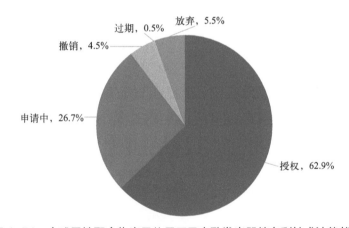

图 4-54　全球柔性聚合物半导体显示及电致发光器件专利技术法律状态

4.2.4　柔性聚合物半导体太阳能电池

4.2.4.1　专利技术申请趋势分析

1986—2022 年（截止到 10 月），全球柔性聚合物太阳能电池专利申请量为 2113 项，中国柔性聚合物太阳能电池专利申请量为 555 项。2012—2022 年（截止到 10 月），全球柔性聚合物太阳能电池专利申请量为 1649 项，中国柔性聚合物太阳能电池专利申请量为 506 项。

从专利申请时间趋势可以看出：全球聚合物太阳能电池专利申请从 2009 年的 125 项快速增长至 2014 年 307 项后，呈现减少的趋势。中国柔性聚合物太阳能电池专利申请从 2009 年仅为 19 项，快速增长至 2018 年的 126 项后，呈现略减少趋势。2018 年后，中国聚合物太阳能电池专利申请趋势与全球相同，见图 4-55。

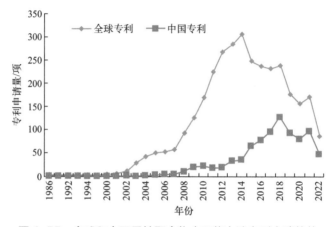

图 4-55　全球和中国柔性聚合物太阳能电池专利申请趋势

4.2.4.2　主要专利技术国家 / 地区分析

专利最早优先权国家 / 地区在一定程度上反映相关技术的起源国家 / 地区，从柔性聚合物太阳能电池专利技术的起源国家 / 地区分布（图 4-56）来看：

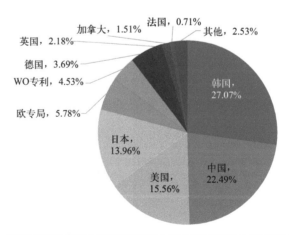

图 4-56　全球柔性聚合物太阳能电池前十位专利最早优先权国家 / 地区分布

① 韩国和中国是柔性聚合物太阳能电池专利申请量排名第一和第二的国家，总占比分别为27.07%和22.49%；美国和日本专利申请量位居第三和第四，总占比分别是15.56%和13.96%，四个国家专利申请量的总占比为79.07%，是最主要的专利技术起源国；

② 欧专局和WO专利申请量总占比分别为5.78%和4.53%。

从韩国、中国、美国和日本聚合物太阳能电池专利申请时间趋势（图4-57）可以看出：

① 2012年专利申请量排序为韩国130项、美国84项、日本62项、中国19项；

② 韩国、美国和日本专利申请量呈现下降的趋势，2020年韩国、美国和日本专利申请量分别为52项、29项和28项；

③ 中国专利申请量呈现增长的趋势，2015年专利申请量超过美国和日本，2018年超过韩国，达到最高126项，2019—2020年略有减少。

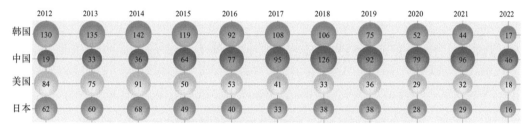

图4-57　全球柔性聚合物太阳能电池欧美日韩专利申请趋势

同族专利国家/地区申请/公开专利数量在一定程度上反映技术最终流入的市场情况，从柔性聚合物太阳能电池专利技术的市场分布（图4-58）看：

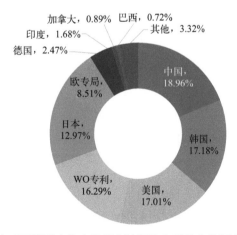

图4-58　全球柔性聚合物太阳能电池同族专利前十位国家/地区分布

① 共有 29 个同族专利国家 / 地区，其中中国、韩国、美国和日本同族专利量总占比分别为 18.96%、17.18%、17.01% 和 12.97%，四个国家同族专利量总占比为 66.12%，可以说是最受重视的技术市场；

② 值得注意的是 WO 和欧专局同族专利量总占比分别为 16.29% 和 8.51%，说明柔性聚合物太阳能专利权人非常注重技术在全球和欧洲市场的布局。

从中国、韩国、美国和日本柔性聚合物太阳能电池同族专利时间趋势（图 4-59）看：

① 2012 年同族专利量排序为美国 166 项、韩国 147 项、日本 133 项、中国 126 项；

② 韩国、美国和日本同族专利量呈现下降的趋势，2020 年韩国、美国和日本同族专利量分别为 68 项、78 项和 49 项；

③ 中国同族专利量 2013—2020 年为 96 ～ 151 项，保持相对稳定，2015 年超过日本，2017 年超过美国，2018 年超过韩国。

图 4-59 全球柔性聚合物太阳能电池同族专利前四位国家专利公开趋势

4.2.4.3 主要专利权人分析

对全球柔性聚合物太阳能电池技术专利权人进行筛选分析发现，位于前十位的专利权人分别是：韩国德山公司和 LG 显示，美国通用显示，德国巴斯夫和默克专利公司，日本住友化学、柯尼卡美能达和 DIC 株式会社，英国剑桥显示技术公司，以及中国华南理工大学。从全球柔性聚合物太阳能技术专利权人所属国家看：日本有 3 个，韩国和德国各有 2 个，美国、英国和中国各有 1 个。除了中国华南理工大学属于高校外，其余均为企业，说明全球柔性聚合物太阳能电池技术已经进入全面应用期，见图 4-60。

4.2.4.4 专利技术构成分析

Derwent 手工代码（Derwent manual code）是由 Derwent 数据库专业人员根据专利文献的文摘和全文对发明的应用和发明的重要特点进行独家标引，能

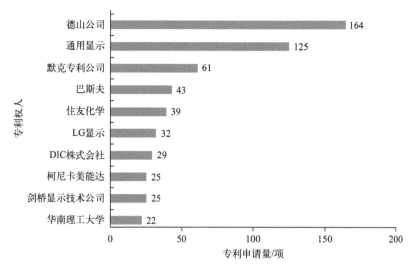

图 4-60 全球柔性聚合物太阳能电池专利申请前十位专利权人

够准确反映专利技术的创新点及应用。对全球柔性聚合物太阳能电池专利申请的 Derwent 手工代码进行分析，通过 Derwent 手工代码可以看出柔性聚合物太阳能电池专利的技术构成，见表 4-7。

表 4-7 柔性聚合物太阳能电池前十位 Derwent 手工代码技术构成

序号	Derwent 手工代码	专利量 / 项	含义
1	X15-A02F	992	太阳能 – 直接转换太阳能 / 光伏 – 有机太阳能电池
2	L03-E05B2	512	有机电子 – 电池 – 染料敏化太阳能电池
3	L03-E05B	507	有机电子 – 电池 – 太阳能电池
4	X15-A02A	444	太阳能 – 直接转换太阳能 / 光伏板 – 单体电池
5	A12-W16	395	聚合物应用 – 可再生能源
6	A12-E11B	380	聚合物应用 – 光电用途 – 光电电池
7	X15-A01A	370	太阳能 – 太阳热 / 辐射收集、聚光 / 聚热板
8	L03-G09G	338	有机电子元件或材料 – 其他有机电材料 – 荧光和发光材料半导体制造
9	L04-E01	332	半导体器件 – 晶体管
10	U12-A01A1E	328	半导体和电路器件 – 光电器件 –LED– 有机材料 LED

从中国、美国、韩国和日本的专利技术构成布局（图4-61）可以看出：

① 韩国前三位的专利技术构成分别是有机太阳能转换电池、有机染料敏化太阳能电池、有机半导体制造用的荧光和发光材料；

② 中国前三位的专利技术构成分别是有机太阳能转换电池、有机染料敏化太阳能电池、聚合物可再生能源；

③ 美国前三位的专利技术构成分别是有机太阳能转换电池、有机材料LED、有机染料敏化太阳能电池；

④ 日本前三位的专利技术构成分别是有机太阳能转换电池、有机染料敏化太阳能电池、太阳能收集板。

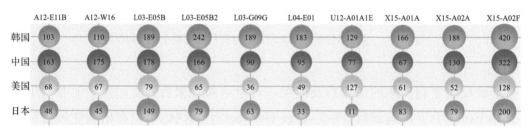

图4-61　全球柔性聚合物太阳能电池欧美日韩专利技术构成分布

4.2.4.5　专利技术主题分析

采用专利技术主题聚类分析，可以对专利技术相关主题词（词频）进行处理，并绘制技术和应用专利概念图，从而直观了解、深入探索专利技术的内容与创新。全球柔性聚合物太阳能电池专利技术聚类主题分布见图4-62。

① 柔性聚合物太阳能电池材料：光电组分、光活性组分、有机电致发光材料、有机功能性材料、有机半导体层、发光半导体、有机掺杂、柔性基板、气体屏障层、阴极界面层、光电转换层、半导体材料、共轭聚合物、N-型、共轭交替共聚物、光活性有机聚合物、发光辅助层等。

② 柔性器件太阳能电池制造及应用：柔性有机太阳能电池、有机光伏组件、有机/聚合物/薄膜太阳能/光伏电池、柔性有机电致发光显示、有机光电/电子、有机集成电路、有机功能/电子元件、光电场、透明电极/阳极、显示板、消费产品等。

4.2.4.6　专利法律状态

专利的法律状态在侵权诉讼、产品引进、产品出口、技术转让、企业并购、新产品开发等方面都起到重要参考作用。柔性聚合物太阳能电池专利技术

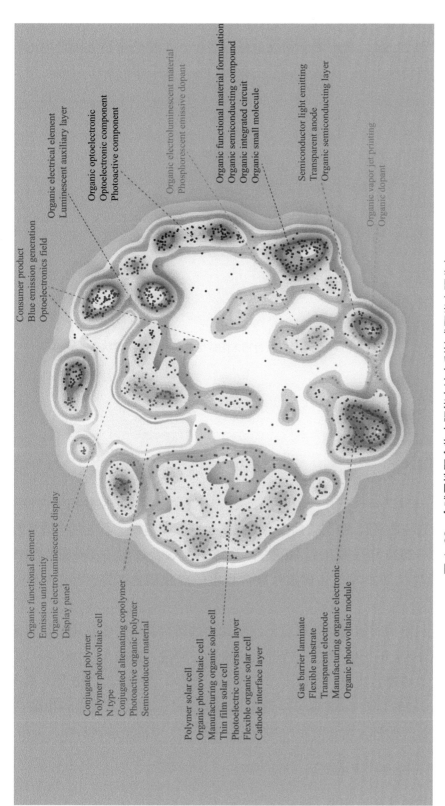

图 4-62　全球柔性聚合物太阳能电池专利技术聚类主题分布

的法律状态（图 4-63）如下：有效专利总占比 81.9%，其中授权专利 59.3%、申请中专利 22.6%，从申请专利数量可以看出，柔性聚合物太阳能电池专利技术数量还将持续上升；无效专利总占比 18.1%，其中撤销专利 6.0%、放弃专利 12.1%。

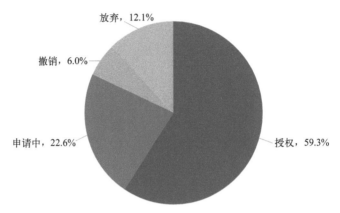

图 4-63　全球柔性聚合物太阳能电池专利技术法律状态

4.2.5　柔性聚合物电子皮肤和生物传感器

4.2.5.1　专利技术申请趋势分析

1986—2022 年（截止到 10 月），全球柔性聚合物电子皮肤和生物传感器专利申请量为 3626 项，中国柔性聚合物电子皮肤和生物传感器专利申请量为 1020 项。2012—2022 年（截止到 10 月），全球柔性聚合物电子皮肤和生物传感器专利申请量为 2023 项，中国柔性聚合物电子皮肤和生物传感器专利申请量为 913 项。

从专利申请时间趋势可以看出：全球柔性聚合物电子皮肤和生物传感器专利申请从 1997 年（43 项）开始进入快速增长阶段，2002 年（252 项）申请量达到第一个高峰，2003—2017 年专利申请量减少，2018 年（265 项）再次进入快速增长，2021 年（358 项）申请量达到第二个高峰。中国专利申请从 2014 年（39 项）开始进入增长阶段，2021 年（194 项）申请量达到高峰，见图 4-64。

4.2.5.2　主要专利技术国家 / 地区分析

专利最早优先权国家 / 地区在一定程度上反映相关技术的起源国家 / 地区，

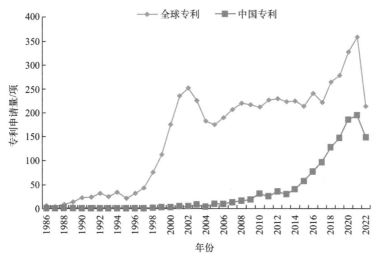

图 4-64　全球和中国柔性聚合物电子皮肤和生物传感器专利申请趋势

从柔性聚合物电子皮肤和生物传感器专利技术的起源国家 / 地区分布（图 4-65）来看：

① 中国和美国是柔性聚合物电子皮肤和生物传感器专利申请量排名第一和第二的国家，总占比分别为 34.00% 和 30.17% ；韩国和加拿大专利申请量位居第三和第四，总占比分别是 6.82% 和 6.70%，四个国家专利申请量的总占比为 77.69%，是最主要的专利技术起源国；

② 欧专局和世界知识产权组织（WO）专利申请量总占比分别为 4.77% 和 3.99%。

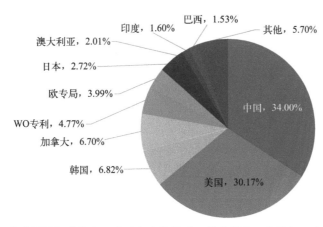

图 4-65　全球柔性聚合物电子皮肤和生物传感器前十位最早优先权国家 / 地区分布

从中国、韩国、加拿大和美国专利申请时间趋势（图 4-66）可以看出：

① 2012 年专利申请量排序为美国 151 项、加拿大 38 项、中国 35 项和韩国 33 项；

② 中国专利申请量呈现快速增长的趋势，2021 年专利申请量达到最高 194 项，2015 年和 2018 年专利申请量分别超过加拿大和美国；

③ 美国、加拿大和韩国专利申请量一直保持相对稳定，2012—2020 年专利申请量分别为 102 ~ 151 项、31 ~ 58 项和 24 ~ 53 项。

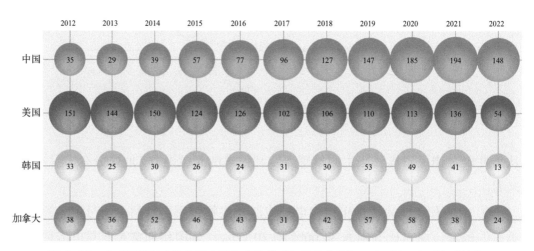

图 4-66　全球柔性聚合物电子皮肤和生物传感器最早优先权国家 / 地区专利申请趋势

同族专利国家 / 地区申请 / 公开专利数量在一定程度上反映技术最终流入的市场情况，从柔性聚合物电子皮肤和生物传感器专利技术的市场分布（图 4-67）看：

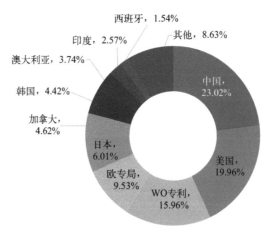

图 4-67　全球柔性聚合物电子皮肤和生物传感器同族专利前十位国家 / 地区分布

① 共有 38 个同族专利国家 / 地区，其中中国、美国、日本和加拿大同族专利量总占比分别为 23.02%、19.96%、6.01% 和 4.62%。四个国家同族专利量

总占比为 53.61%，约占技术市场半壁江山；

② 值得注意的是 WO 和欧专局同族专利总占比分别为 15.96% 和 9.53%，约占技术市场四分之一，说明柔性聚合物电子皮肤和生物传感器专利权人注重技术在全球和欧洲市场的布局。

从美国、中国、韩国和加拿大同族专利时间趋势（图 4-68）可以看出：

① 2012 年同族专利量排序为美国 182 项、中国 86 项、日本 69 项和加拿大 56 项；

② 中国同族专利量呈现快速增长的趋势，2018 年同族专利量超过美国，2021 年同族专利量达到 212 项；

③ 美国、韩国和加拿大同族专利量保持相对稳定，2012—2020 年同族专利量分别为 139 ～ 182 项、55 ～ 69 项和 36 ～ 59 项。

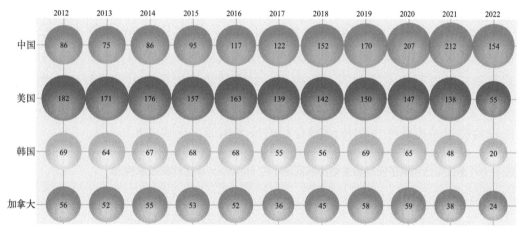

图 4-68　全球柔性聚合物电子皮肤和生物传感器专利欧美日韩专利公开趋势

4.2.5.3　主要专利权人分析

对全球柔性聚合物电子皮肤和生物传感器技术专利权人进行筛选分析发现，位于前十位的专利权人分别是：美国加州大学、MIT、哈佛大学、西北大学、BEZWADA 生物医药公司和 IBM，中国浙江大学、上海交通大学、华南理工大学和南京工业大学。

从全球柔性聚合物电子皮肤和生物传感器技术专利权人所属国家看：美国有 6 个，中国有 4 个。除了美国 BEZWADA 生物医药公司和 IBM 属于企业外，其余均为高校，说明全球柔性聚合物电子皮肤和生物传感器技术仍处于研发阶段，见图 4-69。

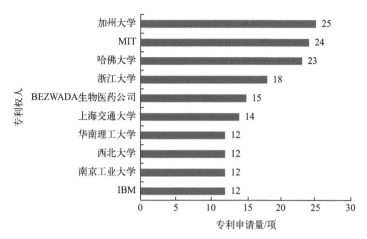

图 4-69　全球柔性聚合物电子皮肤和生物传感器专利申请前十位专利权人

4.2.5.4　专利技术构成分析

Derwent 手工代码（Derwent manual code）是由 Derwent 数据库专业人员根据专利文献的文摘和全文对发明的应用和发明的重要特点进行独家标引，能够准确反映专利技术的创新点及应用。对全球柔性聚合物电子皮肤和生物传感器专利申请的 Derwent 手工代码进行分析，通过 Derwent 手工代码可以看出柔性聚合物电子皮肤和生物传感器专利的技术构成，见表 4-8。

表 4-8　柔性聚合物电子皮肤和生物传感器前十位 Derwent 手工代码技术构成

序号	Derwent 手工代码	专利量 / 项	含义
1	D05-H09	533	微生物、实验室 - 检测
2	A12-V02	419	聚合物应用 - 医疗
3	D09-C01E	386	假体和植入物 - 组织工程
4	B04-C03	383	聚合物
5	B12-K04F	377	诊断、呼吸 - 测试和检测
6	A12-V03C2	326	聚合物应用 - 医疗 - 诊断，包括医学血液检测
7	B04-E05	321	聚合物 - 核酸 - 探头、探针诊断
8	B04-E99	320	聚合物 - 核酸 - 基因记录
9	B04-E01	310	聚合物 - 核酸
10	D05-H18B	280	微生物、实验室 - 基因工程技术、新方法

从中国、韩国、加拿大和美国的专利技术构成布局（图 4-70）可以看出：

① 中国前三位的专利技术构成为微生物、实验室 - 检测，呼吸 - 测试和检测，以及假体和植入物 - 组织工程；

② 美国前三位的专利技术构成分别是微生物、实验室 - 检测，聚合物，聚合物 - 核酸；

③ 加拿大前三位的专利技术构成分别是微生物、实验室 - 检测，聚合物，聚合物 - 核酸；

④ 韩国前三位的专利技术构成分别是聚合物、假体和植入物 - 组织工程、聚合物应用 - 医疗和聚合物应用 - 医疗 - 诊断。

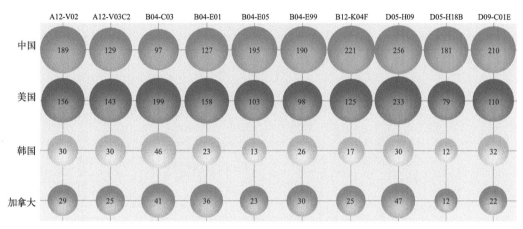

图 4-70　全球柔性聚合物电子皮肤和生物传感器欧美日韩专利技术构成分布

4.2.5.5　专利技术主题分析

采用专利技术主题聚类分析，可以对专利技术相关主题词（词频）进行处理，并绘制技术和应用专利概念图，从而直观了解、深入探索专利技术的内容与创新。全球柔性聚合物电子皮肤和生物传感器的专利技术（由于数量超过分析上限，仅对有效专利进行聚类）聚类主题分布见图 4-71。

① 柔性聚合物电子皮肤和生物传感器材料：高分子膜、纳米纤维、导电 / 组分 / 可注入水凝胶、生物可降解聚合物、聚合物材料、有机半导体化合物、离子选择膜、释放活性成分、生物聚合物等。

② 柔性聚合物电子皮肤和生物传感器器件制造及应用：电子皮肤、柔性压力 / 温度 / 传感器、生物传感器、神经界面、神经刺激、组织工程、药物输送、有机电子、可植入测量电流的葡萄糖传感器、OTFT、微流电路、植入舒适性、核酸检测、分析传感器、可植入传感器、DNA 测序等。

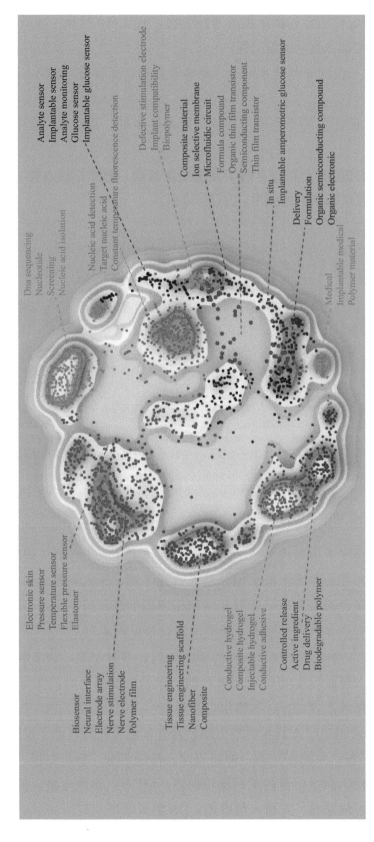

图 4-71　全球柔性聚合物电子皮肤和生物传感器专利技术聚类主题分布

4.2.5.6 专利法律状态

专利的法律状态在侵权诉讼、产品引进、产品出口、技术转让、企业并购、新产品开发等方面都起到重要参考作用。柔性聚合物电子皮肤和生物传感器专利技术的法律状态如下：有效专利总占比 78.3%，其中授权专利 45.6%、申请中专利 32.7%，从申请专利数量可以看出，柔性聚合物电子皮肤和生物传感器专利技术数量还将持续上升；无效专利总占比 21.7%，其中撤销专利 6.4%、放弃专利 14.8%、过期专利 0.5%，见图 4-72。

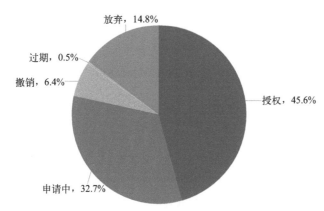

图 4-72　全球柔性聚合物电子皮肤和生物传感器专利技术法律状态

4.2.6　柔性聚合物集成电路

4.2.6.1　专利技术申请趋势分析

1996—2022 年（截止到 10 月），全球柔性聚合物集成电路的 Derwent 专利申请量为 5095 项，中国柔性聚合物集成电路的 Derwent 专利申请量为 1422 项。2012—2022 年（截止到 10 月），全球柔性聚合物集成电路专利申请量为 4086 项，中国柔性聚合物集成电路的 Derwent 专利申请量为 1340 项。

从 Derwent 专利申请时间趋势（图 4-73）可以看出：全球柔性聚合物集成电路专利申请从 2004 年（146 项）开始进入快速增长阶段，2019 年申请量（856 项）达到高峰。中国专利申请量从 2013 年（52 项）进入增长阶段，2019 和 2020 年申请量分别达到 347 项和 351 项。

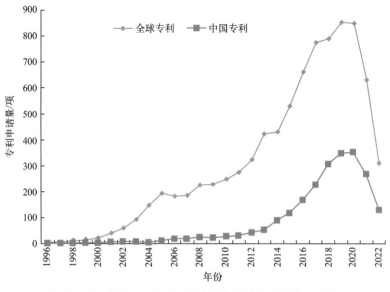

图 4-73　全球和中国柔性聚合物集成电路专利申请趋势

4.2.6.2　主要专利技术国家 / 地区分析

专利最早优先权国家 / 地区在一定程度上反映相关技术的起源国家 / 地区，从柔性聚合物集成电路专利技术的起源国家 / 地区分布（图 4-74）来看：

① 韩国和中国是柔性聚合物集成电路专利申请量排名第一和第二的国家，总占比分别为 33.06% 和 26.37%；

② 日本和美国专利申请量位居第三和第四，总占比分别是 19.28% 和 10.37%，四个国家专利申请量的总占比为 89.08%，是最主要的专利技术起源国；

③ 欧专局和世界知识产权组织（WO）专利申请量总占比分别为 5.33% 和 1.71%。

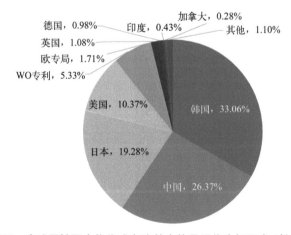

图 4-74　全球柔性聚合物集成电路前十位最早优先权国家 / 地区分布

从中国、韩国、日本和美国专利申请时间趋势（图4-75）可以看出：

① 2012年专利申请量排序为韩国134项、日本106项、美国62项和中国39项；

② 中国专利申请量呈现快速增长的趋势，2020年专利申请量达到最高351项，2014年和2018年专利申请量分别超过美国和日本；

③ 韩国专利申请量一直保持增长趋势，2020年专利申请量达到最高387项；

④ 日本专利申请量平稳增长，2018年达到最高223项；

⑤ 美国专利申请量缓慢增长，2012—2020年专利申请量为57～114项。

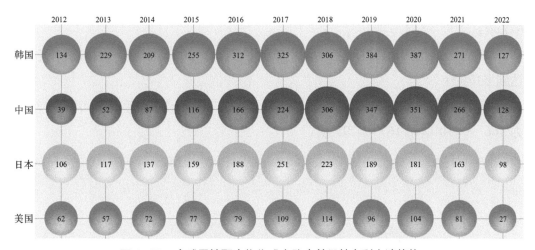

图4-75　全球柔性聚合物集成电路中美日韩专利申请趋势

同族专利国家/地区申请/公开专利数量在一定程度上反映技术最终流入的市场情况，从柔性聚合物集成电路专利技术的市场分布（图4-76）看：

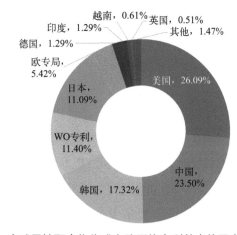

图4-76　全球柔性聚合物集成电路同族专利前十位国家/地区分布

① 共有 29 个同族专利国家 / 地区，其中美国、中国、韩国和日本同族专利量总占比分别为 26.09%、23.50%、17.32% 和 11.09%，四个国家同族专利量总占比为 78.00%，可以说是最受重视的技术市场；

② 值得注意的是 WO 和欧专局同族专利总占比分别为 11.40% 和 5.42%，说明柔性聚合物集成电路专利权人注重技术在全球和欧洲市场的布局。

从美国、中国、韩国和日本同族专利时间趋势（图 4-77）可以看出：

① 2012 年同族专利量排序为美国 244 项、中国 181 项、日本 167 项和韩国 166 项；

② 美国同族专利量总体呈现快速增长趋势，2019 年同族专利量达到最高 677 项；

③ 中国同族专利量呈现快速增长的趋势，2020 年同族专利量超过美国，达到 639 项；

④ 韩国和日本同族专利量保持平稳增长，2012—2020 年同族专利量分别为 166 ～ 410 项和 167 ～ 295 项。

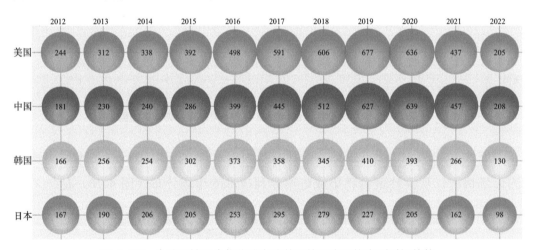

图 4-77　全球柔性聚合物集成电路前四位国家同族专利时间趋势

4.2.6.3　主要专利权人分析

对全球柔性聚合物集成电路技术专利权人进行筛选分析发现，位于前十位的专利权人分别是：韩国三星和 LG，日本半导体能源研究所、日本显示和夏普，中国 TCL 华星、京东方、维信诺和天马微电子，以及德国默克专利公司。从全球柔性聚合物集成电路技术专利权人所属国家看：中国有 4 个，日本有 3 个，韩国有 2 个和德国有 1 个。除了日本半导体能源研究所属于研究机构外，其余均为企业，说明全球柔性聚合物集成电路晶体管技术已经进入全面应用期，见图 4-78。

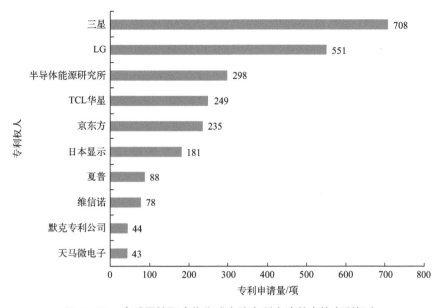

图 4-78 全球柔性聚合物集成电路专利申请前十位专利权人

4.2.6.4 专利技术构成分析

对全球柔性聚合物集成电路专利申请的 Derwent 手工代码进行分析，通过 Derwent 手工代码可以看出柔性聚合物集成电路专利的技术构成，见表 4-9。

表 4-9 柔性聚合物集成电路前十位 Derwent 手工代码技术构成

序号	Derwent 手工代码	专利量 / 项	含义
1	A12-E07C	1431	聚合物应用 – 电路元件 – 半导体器件、集成电路等
2	U12-A01A1E	1177	半导体光电器件 -LED- 有机材料 LED
3	U12-A01A7	1083	半导体光电器件 -LED- 发光二极管显示器
4	U11-C01J8	658	半导体材料衬底加工 – 半导体器件制造多步骤工艺 – 薄膜晶体管制造
5	V04-Q30D	562	印刷电路 – 显示器件
6	L03-G05	524	有机的电元件或材料 – 显示设备
7	A12-E11C	515	聚合物应用 – 光电元件 – 电致发光器件
8	L04-E03	494	半导体器件 – 发光器件
9	W01-C01D3C	466	通信 – 用户移动无线电话 – 便携式、手持式
10	U14-J02D2	375	混合电路 – 电致发光光源 – 电致发光显示结构 – 有机或聚合物电致发光显示器

从韩国、日本、中国和美国的专利技术构成布局（图 4-79）可以看出：

① 韩国前三位的专利技术构成分别是有机材料 LED、半导体发光二极管显示和手持式移动电话；

② 日本前三位的专利技术构成分别是聚合物半导体器件和集成电路、有机材料 LED 和半导体发光二极管显示；

③ 中国和美国前三位的专利技术构成均分别是聚合物半导体器件和集成电路、半导体薄膜晶体管制造和有机材料 LED。

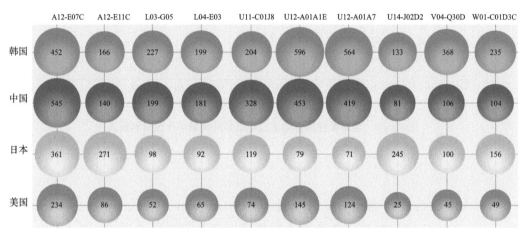

图 4-79　全球柔性聚合物集成电路中美日韩专利技术构成分布

4.2.6.5　专利技术主题分析

采用专利技术主题聚类分析，可以对专利技术相关主题词（词频）进行处理，并绘制技术和应用专利概念图，从而直观了解、深入探索专利技术的内容与创新。全球柔性聚合物集成电路的专利技术（由于数量超过分析上限，仅对有效专利进行聚类）聚类主题分布见图 4-80。

① 柔性聚合物集成电路材料：配方化合物、杂芳环、聚酯膜、介电层、显示衬底、树脂衬底、OLED 衬底、有机极化层、氧化半导体层、柔性衬底、衬底加工、光聚合化合物、可卷曲膜、有机半导体等。

② 柔性聚合物集成电路器件制造及应用：有机太阳能电池、柔性/可弯曲/可卷曲/可折叠显示屏、OLED、OTFT、集成触摸屏、柔性/控制电路、柔性有机发光显示、柔性有机 EL、半导体器件制造、柔性电子、半导体封装、折叠区域和功能层区域等。

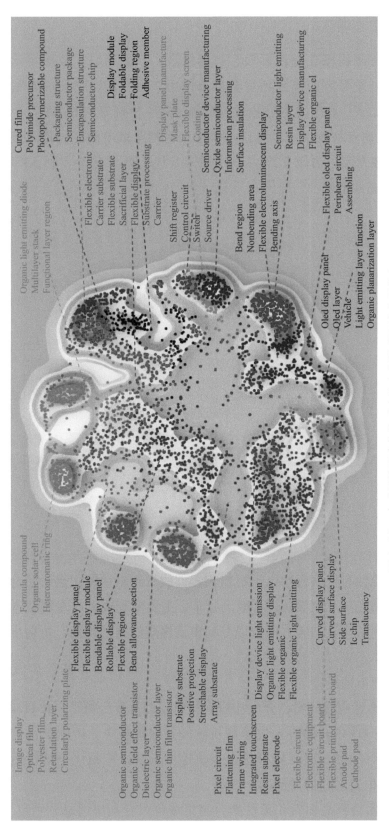

图 4-80　全球柔性聚合物集成电路专利技术聚类主题分布

4.2.6.6　专利法律状态

专利的法律状态在侵权诉讼、产品引进、产品出口、技术转让、企业并购、新产品开发等方面都起到重要参考作用。柔性聚合物集成电路专利技术的法律状态如下：有效专利总占比90.8%，其中授权专利65.8%、申请中专利25.0%，从申请专利数量可以看出，柔性聚合物集成电路专利技术数量还将持续上升；无效专利总占比9.2%，其中撤销专利3.8%、放弃专利5.2%、过期专利0.3%，见图4-81。

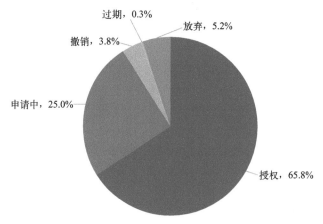

图4-81　全球柔性聚合物集成电路专利技术法律状态

4.3
小结

对全球柔性有机聚合物电子材料和器件的专利申请概况进行了分析，内容包括专利申请趋势、主要国家/地区分布、主要专利权人、专利技术和主题分布，以及专利法律状态等，希望以专利申请客观数据的视角，折射出产业层面技术研发总体态势。

（1）专利申请趋势

① 全球柔性电极材料、介电和衬底材料，以及聚合物半导体材料专利申请量自2001—2003年开始进入快速增长阶段并保持至今。中国柔性电子材料的专利申请量自2012—2014年开始进入快速增长阶段，相比全球快速发展阶段晚了10年，但发展趋势与全球一致。

② 全球聚合物晶体管和柔性聚合物集成电路专利申请量分别自2000年和

2004年开始进入快速增长阶段并保持至今；柔性聚合物半导体晶体管、柔性聚合物半导体显示及电致发光器件专利申请量自2002—2003年开始进入快速增长阶段并保持至今；柔性聚合物电子皮肤和生物传感器专利申请自2018年开始再次进入快速增长期。中国聚合物晶体管和4种柔性电子器件的专利申请量分别自2006年和2012年开始增加，整体趋势与全球一致；柔性聚合物太阳能电池全球和中国均从2009年开始经过快速增长阶段，2018年开始呈缓慢减少趋势；相比而言，中国柔性聚合物半导体显示及电致发光器件专利申请呈现较快速的发展势头。

（2）主要专利申请国家/地区分布

① 全球柔性电子材料专利申请量最多的优先权国家/地区集中在韩国、中国、美国和日本，排序略有调整，四个优先权国家专利申请量的总占比在85.66%～90.66%之间，是最主要的专利技术起源国家，这与四国的经济地位和在材料和电子器件方面的研发实力相吻合。全球柔性电子材料同族专利量最多的国家/地区集中在中国、美国、韩国和日本，四个国家同族专利量的总占比在73.32%～78.15%之间，尤其是WO专利和欧专局同族专利量的总占比在17.86%～20.58%之间，说明了全球市场对柔性电子材料的需求，以及专利技术起源国家对市场的关注度和专利布局策略。

② 全球柔性电子器件专利申请量最多的优先权国家/地区集中在韩国、日本、中国和美国，排序略有调整，四个优先权国家同族专利申请量的总占比在77.69%～91.63%之间，是最主要的专利技术起源国家，这与四国的经济地位和在材料和电子器件方面的研发实力相吻合。全球柔性电子器件同族专利量最多的国家/地区集中在美国、中国、韩国和日本，四个国家同族专利量的总占比在53.6%～79.07%之间，尤其是WO和欧专局同族专利量的总占比在16.82%～25.49%之间，说明了全球市场对柔性电子材料的需求，以及专利技术起源国家对市场的关注度和专利布局策略。

（3）主要专利权人分布

① 全球柔性电子材料专利申请量前五位的专利权人有韩国三星和LG，中国TCL华星和京东方，日本半导体能源研究所和住友化学，从专利权人所属国家看，韩国、中国和日本各2个；第六～第十位出现的有日本显示、住友化学、柯尼卡、夏普、日立化学和富士膜公司，中国维信诺、天马微电子和上海和辉光电公司，以及美国通用显示，从专利权人所属国家看，日本有6个，中国有3个，美国有1个。

② 全球柔性电子器件专利申请量前五位出现的专利权人有韩国三星、LG 和德山，日本半导体能源研究所和索尼，中国京东方、TCL 华星和浙江大学，美国通用显示、美国加州大学、MIT、哈佛大学和 BEZWADA 生物医药公司，以及德国默克专利公司和巴斯夫。从专利权人所属国家看：美国有 5 个，韩国和中国各 3 个，日本和德国各 2 个。第六至第十位出现的有日本显示、夏普、住友化学、精工爱普生、富士、柯尼卡美能达和 DIC 株式会社，中国维信诺、天马微电子、浙江大学、上海交通大学、华南理工大学和南京工业大学，美国 IBM 和西北大学，以及德国赛诺拉公司和英国剑桥显示技术公司。从专利权人所属国家看：日本有 7 个，中国有 6 个，美国有 2 个，德国和英国各 1 个。

全球柔性电子材料和器件专利申请量最多的专利权人中，韩国、日本、美国、德国和英国企业名列前茅，且数量远多于高校和研究机构，由此可见，其无论是在技术还是在市场上都占有主导地位。国内中国 TCL 华星、京东方、天马微电子和上海和辉光电公司，以及浙江大学、上海交通大学、华南理工大学和南京工业大学榜上有名，尤其 TCL 华星和京东方进入全球前五位，说明国内企业柔性电子材料和器件产业化发展的趋势，以及重视知识产权和专利布局。

（4）主要专利技术构成

① 柔性电子材料主题：

➢ 杂芳环、光聚合化合物、共轭交替共聚物、光活性有机聚合物、有机掺杂、导电 / 组分 / 可注入水凝胶、生物可降解聚合物、纳米纤维、生物聚合物、阳离子聚合化合物、电荷传输聚合物、透明导电氧化物、金属纳米线、石墨烯。

➢ 柔性有机电子 / 发光 / 电致发光 / 光电 / 光活性 / 功能性的材料 / 组分 / 配方。

② 柔性电子器件工艺及制造主题：

➢ 半导体封装、折叠 / 可弯曲 / 功能区域、有机功能 / 电子元件、柔性透明电极、漏极、栅极；

➢ 柔性衬底、显示衬底、树脂衬底、OLED 衬底、载体衬底、层压衬底；

➢ 有机屏障层、气体屏障层、阴极界面层、光电转换层、半导体材料发光辅助层、掺杂半导体层、异质结层状结构、电子传递辅助层、氧化半导体层、有机极化层；

➢ 可卷曲膜、功能高分子膜、离子选择膜、聚酰亚胺 / 聚乙烯醇 / 相位差薄膜、极化保护膜、柔性电路薄膜和弹性膜、导电薄膜、聚酰亚胺前体／薄膜、聚酯膜、封装膜。

③ 柔性电子器件相关应用主题：

➢ 可伸缩／OTFT、有机薄膜晶体管、有机电致发光晶体管；

➢ 柔性／可弯曲／可卷曲／可折叠／触摸／透明显示屏、OLED、柔性有机发光显示、柔性有机电致发光显示、柔性有机 EL；

➢ 柔性有机太阳能电池、有机光伏组件、有机／聚合物／薄膜太阳能／光伏电池；

➢ 柔性／控制／驱动电路、有机集成电路、柔性／可弯曲／可印刷电路板；

➢ 电子皮肤、柔性压力／温度／生物／可植入传感器、神经界面、组织工程、药物输送。

（5）专利法律状态

① 全球柔性电子材料有效专利总占比超过 81.56%，申请中专利总占比超过 24.85%，说明柔性电子材料专利技术数量还将持续上升；过期专利总占比低于 0.55%。

② 全球柔性电子器件有效专利总占比超过 66.8%，申请中专利总占比超过 17.5%，说明柔性电子材料专利技术数量还将持续上升；过期专利总占比低于 1.3%。

第 5 章

柔性电子重点企业
发展布局

5.1

韩国三星

5.1.1 公司概述及发展历程

三星集团（简称三星）是一家总部设于韩国首尔的跨国综合企业，经营领域涵盖电子、金融、保险、生物制药、建设、化工、医疗等广泛领域。其旗下子公司包含三星电子、三星显示、三星SDI、三星电机、三星生命等子公司。三星主要的发展历程见图5-1。

5.1.2 公司相关产品信息

三星的OLED屏通过清晰的画质与纤巧的设计、低耗电等多种革新技术，在全球中小型显示器市场中处于领先地位。

5.1.2.1 柔性OLED

OLED（organic light emitting diodes，有机发光二极管）是一种使用有机材料的"自发光显示屏"，当电流流动时会自行发光。三星OLED™通过多种可弯曲、折叠的显示屏，带来新的产品外观与使用性。柔性OLED是采用软性PI基板与薄膜封装技术制作而成的可弯曲面板。不同于玻璃，PI可以做薄，整体重量也因此得以减少。刚性OLED与柔性OLED对比见图5-2。

5.1.2.2 TFE有机材料

三星SDI世界首次成功量产柔性屏幕用TFE（thin film encapsulation）有机材料，保护OLED材料不受外部水分、氧气的侵蚀，起到封装材料的作用（图5-3）。TFE产品在蒸镀和喷墨工艺流程的缜密性和面板产品的可靠性方面表现都非常优秀。

TFE产品外观呈如水的黄色透明形态，分为蒸镀用产品、喷墨用产品，目前广泛应用在柔性设备上。

三星

左侧时间轴事件：

1969年
- 成立Samsung-Sanyo Electronics
- 成立三星电子工业有限公司

1978年
- 在美国设立第一个海外办事处

1980年
- 在水原开设研发中心
- 与Samsung Semiconductor & Telecommunications Co.合并

1984年
- 更名为Samsung Electronics Co.Ltd
- 销售额超1万亿韩元

1988年
- Samsung Semiconductor & Telecommunications Co.与三星电子合并
- 家用电器、通信和半导体被选为核心业务

1995年
- 开发了三星全球首台33英寸双屏电视

1998年
- 在世界TFT-LCD市场占有率居首位
- 开发了完整的平板电视
- 三星全球首台数字电视开始量产

2002年
- 成为在NAND闪存及半导体领域，举足轻重的企业
- 与IBM签订专利共享许可协议

2004年
- 在唐井设立液晶显示器制造工厂
- 在中国设立系统LSI研发中心

2011年
- 开始在中国苏州建设7.5G LCD制造工厂
- 与IBM签订专利共享许可协议

2014年
- 发布了世界上三星第一款曲面显示屏智能手机Galaxy Note Edge，以及第一款可连接3G的可穿戴设备Samsung Gear S
- 收购美国IoT平台开发商SmartThings
- 在中国西安开发半导体新工厂
- 发布三星首款105英寸曲面UHD电视
- 推出三星首台85英寸可弯曲UHD电视

2016年
- 收购Dacor、Joyent和Viv Labs

2018年
- 首次推出电影院用3D Cinema LED
- 在韩国、美国、英国、加拿大、俄罗斯建立7个全球AI中心
- 在韩国华城建立先进的EUV半导体生产线

2020年
- 推出110英寸Micro LED
- 推出具有创新式外形设计的Galaxy Z Flip和Galaxy Z Fold2 5G

右侧时间轴事件：

1977年
- 批量生产彩色电视，开始出口彩色电视
- 收购Korea Semiconductor Co.

1979年
- 收购Korea Electronics Information Co.

1982年
- Korea Telecommunications Co.改名为Samsung Semiconductor & Telecommunications Co.
- 在葡萄牙成立第一家海外制造子公司
- 半导体业务移至Korea Electronics Information Co.

1987年
- 为研发成立三星先进技术研究院

1992年
- 开始在中国制造

1997年
- 开发了三星全球首个完整的30英寸TFT-LCD

1999年
- 开发三星全球首台3D TFT-LCD显示器

2003年
- 与索尼成立S-LCD公司生产TFT-LCD面板
- 成立TSST，制造光存储设备
- 在斯洛伐克设立制造子公司SESK
- 全球闪存技术领域的龙头企业

2010年
- 收购医疗设备公司Medison公司
- 成为全球电子企业销售额第一企业
- 与三星数码影像合并

2012年
- 液晶显示器业务由Samsung Mobile Display负责

2015年
- 收购美国LED显示器制造商YESCO，开展LED标牌业务
- 发布了三星首款双面曲面显示屏Galaxy S6(Edge)产品

2017年
- 完成对HARMAN的收购
- 韩国平泽新半导体工厂开始量产
- 三星首创的Cinema LED屏幕

2019年
- 推出三星首台75英寸Micro LED
- 完成基于EUV的5nm工艺技术的开发
- 推出三星首台8K HDR10+内容的电视

数据来源：公司官网、化信整理

图 5-1　三星发展历程

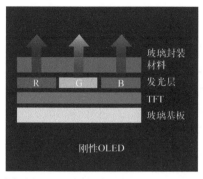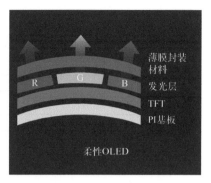

数据来源：公司官网，化信整理

图 5-2　刚性 OLED 对比柔性 OLED

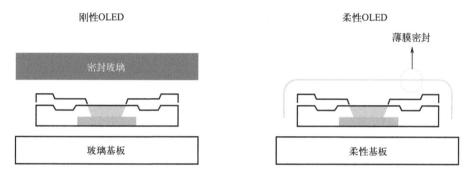

数据来源：公司官网

图 5-3　玻璃封装材料对比柔性屏幕用薄膜封装材料

5.1.2.3　OLED 蒸镀材料

OLED 蒸镀材料在电极之间形成薄有机膜，电流通过时就会发光。三星 SDI 和德国 OLED 技术提供商 Novaled 公司（2013 年加入三星）在 OLED 蒸镀材料领域引领发展，不断研发以下三个核心技术：

① 有机化学：高性能新材料的开发及量产技术。

② 元件技术：OLED 元件制造及分析（图 5-4）。

③ 制造：高纯度有机材料的量产技术。

两家公司开发 P/N dopants、电荷传输材料、发光层、光学辅助层和滤光材料等多种产品。其产品可生产出效率高、寿命长的 OLED、AMOLED 显示器。OLED 产品目前应用于智能机器、可穿戴设备、OLED TV、照明、OPV、OTFT 等多个领域。

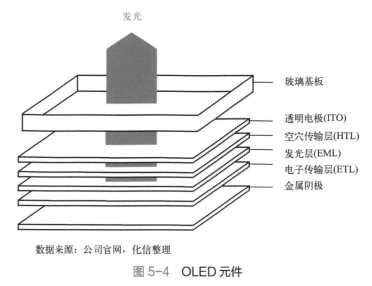

发光

玻璃基板
透明电极(ITO)
空穴传输层(HTL)
发光层(EML)
电子传输层(ETL)
金属阴极

数据来源：公司官网，化信整理

图 5-4　OLED 元件

5.1.3　柔性电子材料全球专利申请及布局分析

本章节利用 Orbit 全球专利分析数据库对三星在全球的专利申请及布局情况进行检索和分析，检索日期截止至 2022 年 11 月。

检索策略为：

① 三星整体使用有机材料的固态器件的专利：通过使用 IPC 分类限定。

② 三星显示：在①的数据基础上，用显示的关键词限定。

③ 三星柔性显示：在②的数据基础上，用柔性关键词限定。

④ 三星晶体管：在①的数据基础上，用柔性有机和聚合物晶体管的关键词限定。

5.1.3.1　全球专利申请趋势分析

三星在全球范围内使用有机材料固态器件的专利共计 18273 项，包含 47561 件专利。韩国三星公司是柔性电子技术的领先企业，公司在该检索领域最早申请的专利是在 1988 年，与薄膜的制备相关，公司也在 1988 年将半导体选为核心业务之一。

从申请专利的数量上看，公司从 2004 年起每年专利申请数量超过 500 项。2013 年达到第一个小高峰，之后几年专利申请量年均超过 1000 项，见图 5-5。

三星在全球范围内显示领域相关的专利共计 15868 项，其中与柔性显示相关的有 2111 项。柔性显示相关专利最早申请是在 1997 年，是与有机薄膜电致

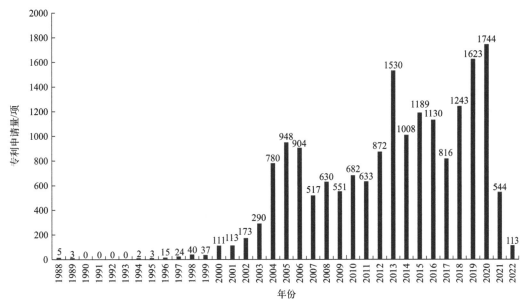

图 5-5　三星全球专利申请量的时间分布

发光装置相关。公司在该年也开发了三星全球首个完整的 30 英寸 TFT-LCD。

三星在全球范围内与柔性有机 / 聚合物晶体管相关的专利共计 696 项。最早申请的专利是与由有机材料组成的场效应晶体管的制造方法相关的。从专利申请数量上看，柔性有机 / 聚合物晶体管相关的专利数量远远小于显示相关领域的专利量，见图 5-6。

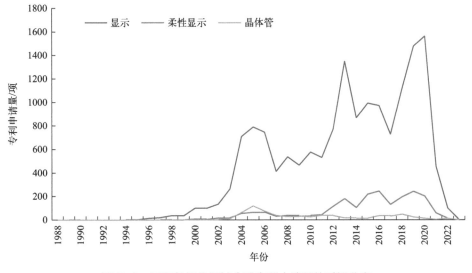

图 5-6　三星各细分领域全球专利申请量的时间分布

根据产品技术生命周期理论，一种产品或技术的生命周期通常由萌芽（产生）、迅速成长（发展）、稳定成长、成熟、瓶颈（衰退）几个阶段构成，我们基于专利申请量的年度趋势变化特征，进一步分析三星的柔性显示技术发展各个阶段。为了保证分析的客观性，我们以 Logistic growth 模型算法为基础[23]，以专利累计申请数量为纵轴，以申请年为横轴，通过模型计算，拟合出三星柔性显示技术的生命周期曲线，见图 5-7 和表 5-1。

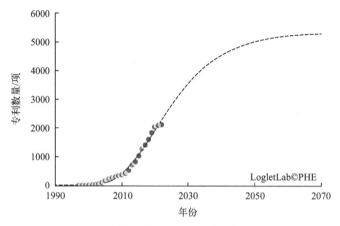

图 5-7　三星柔性显示基于专利申请拟合的成熟度曲线

表 5-1　三星柔性显示基于专利申请拟合的技术成熟度

拟合度 R^2	萌芽期	迅速成长期	稳定成长期	成熟期
0.986	1997—2009 年	2010—2020 年	2021—2036 年	2037—2049 年

通过数据拟合结果（表 5-1）可以看出，在 1997—2009 年期间，三星在柔性显示领域处于技术的探索期或萌芽期阶段。从专利的申请方向来看，前期专利主要集中在有机电致发光装置的制造方法以及有机薄膜的制备等，之后逐渐聚焦在显示装置的制备方面。

2010—2020 年期间，三星在柔性显示领域处于技术的迅速成长期阶段。从专利的申请方向看，三星柔性显示的研究逐渐深入，专利集中在柔性有机发光二极管显示器的制备、柔性基底的制造、柔性显示器的制备等。

2021 年至今，三星在柔性显示领域技术基本进入了平稳发展阶段，公司柔性显示装置技术全面发展。专利也趋向更加成熟的显示装置方面，具体涉及背板、盖窗、光固化装置等方面。

以 Logistic growth 模型算法为基础，以专利累计申请数量为纵轴，以申请年为横轴，通过模型计算，拟合出三星柔性有机 / 聚合物晶体管技术的生命周期曲线，见图 5-8 和表 5-2。

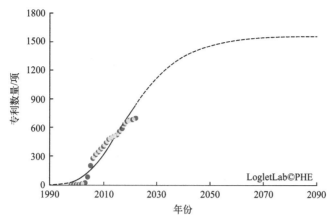

图 5-8　三星柔性有机 / 聚合物晶体管基于专利申请拟合成熟度曲线

表 5-2　三星柔性有机 / 聚合物晶体管基于专利申请拟合的技术成熟度

拟合度 R^2	萌芽期	迅速成长期	稳定成长期	成熟期
0.878	1998—2005 年	2006—2016 年	2017—2032 年	2033—2045 年

通过数据拟合结果（表 5-2）可以看出，在 1998—2005 年期间，三星在柔性有机 / 聚合物晶体管领域处于技术的探索期或萌芽期阶段。从专利年申请量来看，前期相关专利申请数量较少，直到 2004—2005 年申请数量骤增。从专利的申请方向来看，专利集中在用于有机薄膜晶体管中的有机半导体聚合物、有机薄膜晶体管的制作方法、有机薄膜晶体管阵列板的制作方法等。

2006—2016 年期间，三星在柔性有机 / 聚合物晶体管领域处于技术的迅速成长期阶段。三星柔性有机 / 聚合物晶体管的研究逐渐深入，这期间专利年申请数量也是趋于稳定的发展态势。从专利的申请方向看，专利集中在有机薄膜晶体管的制作方法、改进有机薄膜晶体管的性能特性，如提高有机半导体层的图案化精度、降低接触电阻、增加电荷载流子迁移率等。

2017 年至今，三星在柔性有机 / 聚合物晶体管领域技术基本进入了平稳发展阶段，专利年申请数量较为稳定。公司在该领域的研究回归材料本身，专利聚焦在用于光电器件的有机分子方面。

5.1.3.2　全球专利布局分析

从三星在主要国家 / 地区的专利申请量分布（图 5-9）来看，在柔性显示和柔性有机 / 聚合物晶体管两个领域中，韩国、美国、中国都是三星的主要专利技术布局国家。

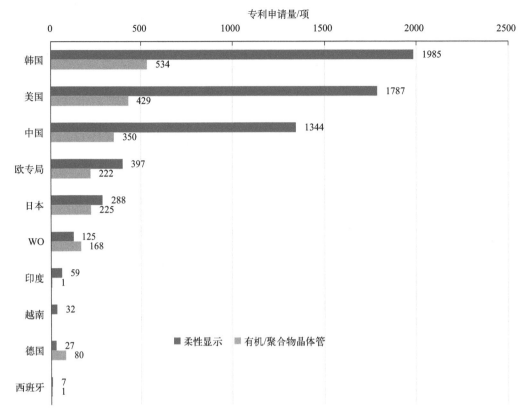

专利申请量/项

图 5-9　**三星细分领域在主要国家 / 地区的专利申请量分布**

在柔性显示电子领域，三星在韩国、美国、中国这三个国家的专利申请量分别为 1985 项、1787 项和 1344 项，约占总申请量的 94%、85% 和 64%。

在柔性有机 / 聚合物晶体管领域，三星在韩国、美国、中国这三个国家的专利申请量分别为 534 项、429 项和 350 项，约占总申请量的 77%、62% 和 50%。

三星除了在韩国本土进行柔性显示和柔性有机 / 聚合物晶体管领域相关专利布局之外，美国和中国也是其布局的重点地区。美国和中国除了具有巨大的市场需求量，相关的技术也在不断地发展，对这些地区进行专利布局也可以确保公司的核心竞争力。

5.1.3.3　全球专利法律状态分析

三星柔性显示在全球专利的法律状态分布情况（图 5-10）为：处于有效状态的专利 4565 件，失效专利 550 件。在有效专利中申请中的专利为 2094 件，已授权专利为 2471 件。失效专利中放弃的专利有 417 件，主动撤销的专利有 116 件，过期不维护的专利有 17 件。

三星柔性有机 / 聚合物晶体管在全球专利的法律状态分布情况为：处于有

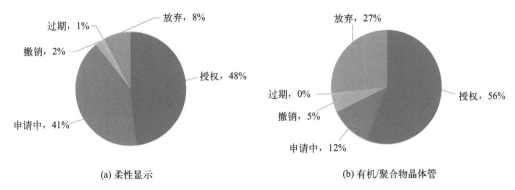

(a) 柔性显示　　　　　　　　(b) 有机/聚合物晶体管

图 5-10　三星细分领域全球专利法律状态

效状态的专利 905 件，失效专利 423 件。在有效专利中申请中的专利为 161 件，已授权专利为 744 件。失效专利中放弃的专利有 354 件，主动撤销的专利有 65 件，过期不维护的专利有 4 件。

（1）有效专利分析

① 柔性显示　三星柔性显示处于有效状态的专利 4565 件。从三星柔性显示全球有效专利的区域分布情况（图 5-11）来看，美国、韩国、中国是主要布局的地区。

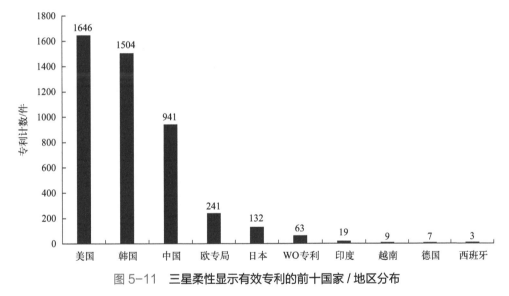

图 5-11　三星柔性显示有效专利的前十国家 / 地区分布

三星柔性显示在华有效专利有 941 件，按专利族合并为 803 项。对在华有效专利的有效年限进行划分，有效年限在 5 年以内的有 36 件，有效期在 5 ～ 10 年的有 55 件，有效期在 10 ～ 15 年的有 320 件，有效期在 15 年以上的有 530 件，可以看出三星柔性显示的专利在中国市场的保护还将持续很长时间。

利用 Orbit 专利综合评价模块，对柔性显示在华有效专利及技术方向进行梳理与评价，专利价值排名前二十的专利具体情况见表 5-3。

表 5-3 三星柔性显示在华专利价值前二十的有效专利（按专利族）

序号	技术方向	专利公开号	最早申请时间	专利价值	专利强度	专利影响力	市场覆盖面
1	柔性显示装置	CN107464887	2016-06-03	8.73	6.56	7.78	2.57
2	可折叠显示装置	CN107919062	2016-10-07	8.52	6.18	6.98	2.55
3	具有可移动柔性显示器的电子装置及其操作方法	CN111886560	2018-03-27	8.34	6.08	8.01	2.1
4	显示设备	CN107039493	2015-12-04	8.23	6.57	8.94	2.17
5	显示设备	CN109308846	2017-07-28	8.09	5.65	7.85	1.81
6	显示装置及其制造方法	CN107180848	2017-03-03	8.05	6.58	9.51	1.98
7	柔性显示装置	CN106293197	2016-05-12	7.99	6.55	8.73	2.23
8	显示设备	CN107180595	2016-03-11	7.97	5.86	6.87	2.33
9	显示装置	CN109256045	2017-07-12	7.9	5.87	7.45	2.13
10	显示装置	CN105826350	2015-01-28	7.79	6.48	8.45	2.27
11	柔性显示面板及使其弯曲的方法	CN107871451	2016-09-22	7.75	5.91	7.88	2.01

续表

序号	技术方向	专利公开号	最早申请时间	专利价值	专利强度	专利影响力	市场覆盖面
12	具有减少的缺陷的显示设备	CN107768540	2016-08-18	7.64	5.82	5.85	2.65
13	显示设备	CN107221606	2016-03-21	7.53	5.82	6.93	2.27
14	可折叠显示设备和制造可折叠显示设备的方法	CN110444113	2018-05-04	7.49	4.96	6.36	1.78
15	可拉伸膜及其制造方法和包括可拉伸膜的显示装置	CN105514115	2014-10-08	7.49	5.66	6.58	2.27
16	柔性电路板和包括柔性电路板的显示设备	CN105979696	2015-03-13	7.37	5.82	6.54	2.41
17	显示装置及使用显示装置制造电子装置的方法	CN107809873	2017-09-08	7.32	5.27	5.91	2.19
18	显示装置和用于驱动显示装置的方法	CN109389905	2017-08-14	7.3	5.08	5.24	2.27
19	显示装置及其制造方法	CN108305564	2017-01-11	7.2	5.42	6.75	2.01
20	可卷曲显示设备	CN108062913	2016-11-07	7.18	5.22	5.52	2.28

注: 1. 专利价值: 该数值基于专利强度运算, 同时考量专利的剩余保护期, 失效专利的分值为 0。
2. 专利强度: 该数值基于专利家族的前向引用量, 以及已授权或正在审查中的公开国的 GDP。
3. 专利影响力: 该指标基于专利家族的前向引用 (被引量) 数量, 并考虑专利年龄和技术领域。
4. 市场覆盖面: 该数值基于专利家族已授权或正在审查中的公开国的 GDP。

② 柔性有机/聚合物晶体管　三星柔性有机/聚合物晶体管处于有效状态的专利905件。从三星柔性有机/聚合物晶体管全球有效专利的区域分布情况（图5-12）来看，美国、韩国和中国是主要布局的地区。

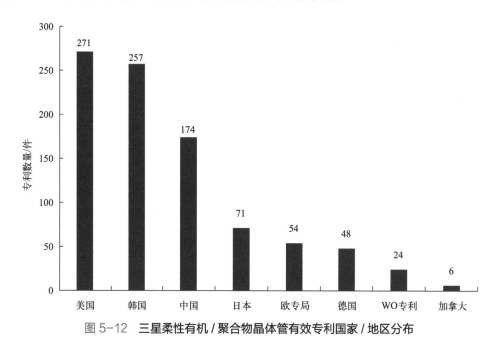

图 5-12　**三星柔性有机/聚合物晶体管有效专利国家/地区分布**

三星柔性有机/聚合物晶体管在华有效专利有174件，按专利族合并为160项。对在华有效专利的有效年限进行划分，有效年限在5年以内的有56件，有效期在5～10年的有29件，有效期在10～15年的有38件，有效期在15年以上的有51件，可以看出三星柔性有机/聚合物晶体管的专利在中国市场的保护还将持续很长时间。

利用Orbit专利综合评价模块，对柔性有机/聚合物晶体管在华有效专利及技术方向进行梳理与评价，专利价值排名前二十的专利具体情况见表5-4。

（2）失效专利分析

① 柔性显示　通过对失效状态的专利作进一步的分析和统计，从三星柔性显示全球失效专利的区域分布情况（图5-13）来看，主要集中在韩国、美国和中国地区。

研究国外领先企业失效专利，可以助力国内企业更方便地获取核心技术，打破技术壁垒，快速将领先企业的先进技术消化，并形成生产力。对领先企业失效的专利进行及时全面地跟踪监测，对企业获取技术、发展技术意义重大。对三星柔性显示在华失效专利进行梳理，得到65件专利。

表5-4 三星柔性有机/聚合物晶体管在华专利价值前二十的有效专利（按专利族）

序号	技术方向	专利公开号	最早申请时间	专利价值	专利强度	专利影响力	市场覆盖面
1	有机分子，特别是用于光电子器件的有机分子	CN109251199	2018-07-12	8.09	5.5	5.32	2.58
2	有机分子，特别应用于有机光电装置中	CN107778294	2017-08-24	7.8	5.62	5.54	2.6
3	用于有机光电器件的有机分子	CN107925004	2016-07-04	7.6	6.08	6.69	2.57
4	特别适用于有机光电器件的有机分子	CN108003140	2017-11-01	7.4	5.72	6.54	2.33
5	有机电气元件用化合物、利用其的有机电气元件及其电子装置	CN107602584	2015-08-28	7.26	6.03	6.74	2.51
6	有机分子，特别是用于有机光电器件的有机分子	CN107778214	2017-08-24	7.09	5.1	4.3	2.62
7	特别用于光电器件的有机分子	CN109923191	2017-05-04	6.74	4.7	3.56	2.55
8	显示装置	CN105845707	2015-02-02	6.71	5.39	5.94	2.27
9	像素电路	CN110858471	2018-08-23	5.93	4.25	5.54	1.49
10	像素及使用该像素的有机发光显示装置	CN108335669	2017-01-17	5.93	4.17	3.23	2.24
11	特别用于有机光电器件的有机分子	CN109641880	2017-08-31	5.89	4.41	4.7	1.92

序号	技术方向	专利公开号	最早申请时间	专利价值	专利强度	专利影响力	市场覆盖面
12	有机光电装置及显示装置	CN105576137	2014-10-31	5.83	4.69	4.35	2.27
13	用于光电器件的二咔唑联苯衍生物	CN109415317	2017-06-21	5.74	4.15	2.88	2.35
14	可卷曲显示装置	CN105845704	2015-02-02	5.74	4.79	5.87	1.81
15	有机分子，特别是用于光电器件中的有机分子	CN107207434	2016-01-20	5.7	4.66	4.1	2.33
16	有机分子，特别是用于光电子器件中的有机分子	CN109666025	2017-10-16	5.63	3.85	2.53	2.23
17	有机电气元件用化合物、利用其的有机电子装置	CN105131020	2014-05-28	5.5	4.76	4.59	2.24
18	用于有机光电子元件的化合物、包括该化合物的有机发光元件和包括该有机发光元件的显示装置	CN103958642	2011-12-23	5.47	5.39	6.71	2
19	有机光电装置和显示装置	CN107155330	2014-10-31	5.44	4.41	5.01	1.81
20	有机电气元件用化合物、利用其的有机电气元件及其电子装置	CN105051011	2013-12-03	5.42	5.13	4.89	2.43

注：专利价值、专利强度、专利影响力、市场覆盖面的定义同表 5-3。

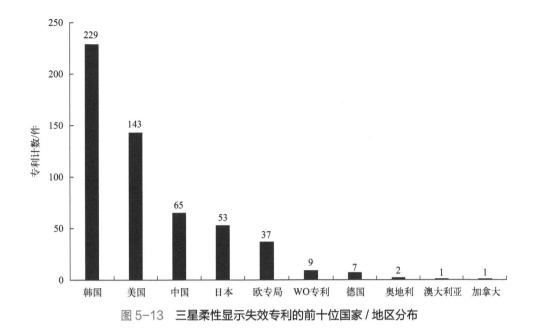

图 5-13　三星柔性显示失效专利的前十位国家 / 地区分布

利用 Orbit 专利综合评价模块，对三星柔性显示在华失效专利及技术方向进行梳理与评价，见表 5-5。

② 柔性有机 / 聚合物晶体管　通过对失效状态的专利作进一步的分析和统计，从三星柔性有机 / 聚合物晶体管全球失效专利的区域分布情况（图 5-14）来看，主要集中在韩国、美国和中国地区。

研究国外领先企业失效专利，可以助力国内企业更方便地获取核心技术，打破技术壁垒，快速将领先企业的先进技术消化，并形成生产力。对领先企业失效的专利进行及时全面地跟踪监测，对企业获取技术、发展技术意义重大。对三星柔性有机 / 聚合物晶体管在华失效专利进行梳理，得到 75 件专利。

利用 Orbit 专利综合评价模块，对三星柔性有机 / 聚合物晶体管在华失效专利及技术方向进行梳理与评价，见表 5-6。

5.1.3.4　全球专利技术主题布局分析

为分析与研判韩国三星当前在柔性显示领域的技术布局情况，我们利用 Orbit 全球专利分析工具，对当前三星柔性显示的专利进行技术主题聚类分析，见图 5-15。

热点主题包括：

① 材料层方面：无机隔离层、有机半导体层、聚合物层、光固胶、丙烯酸酯共聚物、偏光片保护膜、多烯偏光器、聚乙烯醇薄膜等。

表 5-5　三星柔性显示最早申请年在 2016 年之后的在华失效专利清单（按专利族）

序号	技术方向	专利公开号	最早申请时间	法律状态	专利强度	专利影响力	市场覆盖面
1	显示装置	CN111564118	2020-01-28	放弃	0	0	0
2	柔性显示装置和制造柔性显示装置的方法	CN110718643	2018-07-11	放弃	1.52	3.35	0.05
3	包括可弯曲显示器的电子装置	CN111936951	2018-04-06	放弃	1.42	3.13	0.05
4	具有集成传感器的柔性显示装置及其制造方法	CN108074486	2016-11-16	放弃	2.14	4.77	0.05
5	柔性显示设备和制造柔性显示设备的方法	CN109643507	2016-08-23	放弃	2.68	2.56	1.27

注：专利强度、专利影响力、市场覆盖面的定义同表 5-3。

表 5-6　三星柔性有机 / 聚合物晶体管最早申请年在 2011 年之后的在华失效专利清单（按专利族）

序号	技术方向	专利公开号	最早申请时间	法律状态	专利强度	专利影响力	市场覆盖面
1	柔性显示装置	CN104779266	2014-01-13	放弃	2.95	6.65	0.05
2	有机发光显示设备及其制造方法	CN104078484	2013-03-27	放弃	3.16	2.01	1.85
3	用于有机光电子元件、以及包含所述有机发光元件的显示装置	CN104870602	2012-12-31	放弃	2.79	6.03	0.14
4	有机发光晶体管及包含此的显示装置	CN103794724	2012-10-30	放弃	3.51	2.83	1.85
5	有机光电子元件和包含其的显示设备	CN104583364	2012-08-21	放弃	3.05	6.38	0.22
6	用于有机光电子装置的化合物、包括该化合物的有机发光二极管的显示装置	CN103649268	2011-08-19	放弃	1.28	2.71	0.08
7	有机光电子装置用化合物、有机发光二极管和显示器	CN102372661	2011-08-17	撤销	3.8	5.36	1.19

注：专利强度、专利影响力、市场覆盖面的定义同表 5-3。

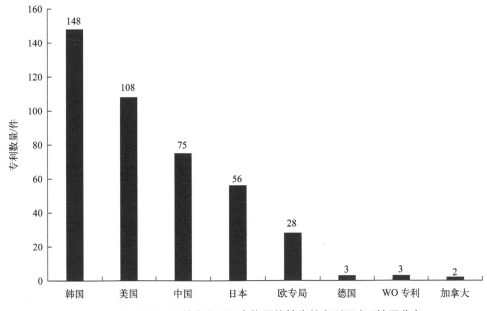

图 5-14　三星公司柔性有机 / 聚合物晶体管失效专利国家 / 地区分布

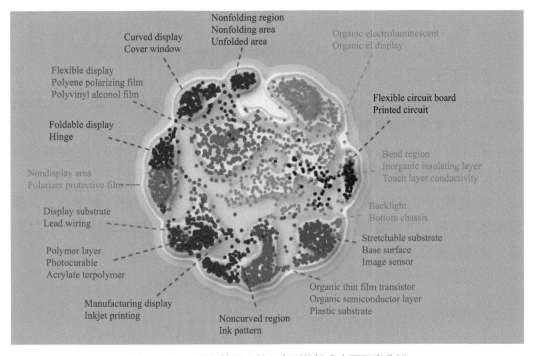

图 5-15　三星柔性显示基于专利的技术主题聚类分析

　　② 装置器件方面：非折叠区域、折叠区域、背光、底座、显示基板、盖窗、塑料基底、导线、铰链、图像传感器、有机薄膜晶体管、折叠显示、有机致电发光、柔性电路板、油墨技术、喷墨印刷等。

对当前三星柔性有机／聚合物晶体管的专利进行技术主题聚类分析，见图5-16。

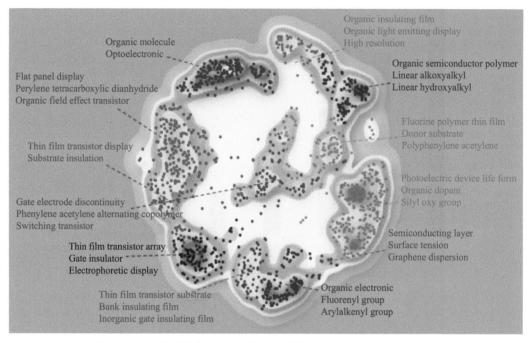

图5-16　三星柔性有机／聚合物晶体管基于专利技术主题聚类分析

热点主题包括：

① 材料层方面：有机分子、光电子、有机半导体聚合物、羟烷基、烷氧基烷基、含氟聚合物薄膜、有机绝缘膜、无机栅极绝缘膜、供体基质、半导体层、聚苯乙炔、有机掺杂剂、硅氧基、石墨烯分散体、有机电子、芳烯基、苯乙炔交替共聚物、苝四甲酸二酐等；

② 装置器件方面：有机发光显示、高分辨率、光电装置、表面张力、薄膜晶体管基板、薄膜晶体管阵列、电泳显示、不连续栅电极、薄膜晶体管显示器、绝缘衬底、平板显示器、有机场效应晶体管等。

5.1.4　小结

韩国三星是一家总部设于韩国首尔的跨国综合企业，是全球最大的显示面板厂商之一，在柔性电子领域也拥有很多专利和经验，在全球柔性屏市场处于绝对领先地位。

三星在全球范围内使用有机材料固态器件的专利共计18273项。其中，显示领域相关的专利共计15868项，与柔性显示相关的有2111项，与柔性有机／

聚合物晶体管相关的专利共计 696 项。从其公开专利数据拟合的技术成熟度曲线可以看出，三星在柔性显示和柔性有机 / 聚合物晶体管相关方面已基本成熟，目前已进入稳定成长阶段。

在专利市场布局方面，除了韩国本土之外，美国和中国是三星柔性显示和柔性有机 / 聚合物晶体管的主要专利技术布局地区。在专利法律状态方面，公司在柔性显示领域，处于有效状态的专利 4565 件，失效专利 550 件；在柔性有机 / 聚合物晶体管领域，处于有效状态的专利 905 件，失效专利 423 件。同时，公司这两个领域的专利大多在华有较长的有效年限，可以看出在中国市场的保护还将持续很长时间。

在专利技术主题聚类分析方面，三星柔性显示热点主题集中在无机隔离层、有机半导体层、聚合物层、光固胶、丙烯酸酯共聚物、偏光片保护膜、多烯偏光器、聚乙烯醇薄膜等材料方面，以及背光、底座、显示基板、盖窗、塑料基底、铰链、图像传感器、有机薄膜晶体管等装置器件方面。三星柔性有机 / 聚合物晶体管热点主题集中在有机分子、光电子、有机半导体聚合物、羟烷基、烷氧基烷基、含氟聚合物薄膜、有机绝缘膜、聚苯乙炔、有机掺杂剂、硅氧基、石墨烯分散体、芳烯基、苯乙炔交替共聚物、苝四甲酸二酐等材料方面，以及有机发光显示、光电装置、薄膜晶体管基板、薄膜晶体管阵列、电泳显示、不连续栅电极、薄膜晶体管显示器、绝缘衬底、平板显示器、有机场效应晶体管等装置器件方面。

5.2
英国 FlexEnable

5.2.1 公司概述及发展历程

英国 FlexEnable 公司是柔性有机电子产品开发和工业化的领导者。公司是由从剑桥大学剥离出来的 Plastic Logic 公司于 2015 年成立的，位于剑桥市中心以北的剑桥科技园。FlexEnable 公司针对超薄塑料基板上的小面积和大面积有机电子产品开发了完整的低温制造工艺并将其产业化，是一家既能供应优于非晶硅的材料又能提供经过工业验证的制造工艺的公司。FlexEnable 公司主要的发展历程见图 5-17。

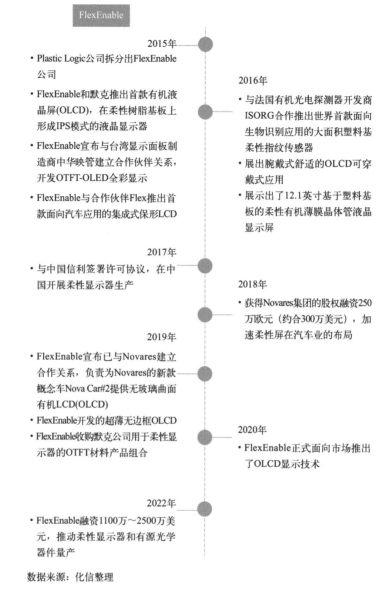

FlexEnable

2015年
- Plastic Logic公司拆分出FlexEnable公司
- FlexEnable和默克推出首款有机液晶屏(OLCD)，在柔性树脂基板上形成IPS模式的液晶显示器
- FlexEnable宣布与台湾显示面板制造商中华映管建立合作伙伴关系，开发OTFT-OLED全彩显示
- FlexEnable与合作伙伴Flex推出首款面向汽车应用的集成式保形LCD

2016年
- 与法国有机光电探测器开发商ISORG合作推出世界首款面向生物识别应用的大面积塑料基柔性指纹传感器
- 展出腕戴式舒适的OLCD可穿戴式应用
- 展示出了12.1英寸基于塑料基板的柔性有机薄膜晶体管液晶显示屏

2017年
- 与中国信利签署许可协议，在中国开展柔性显示器生产

2018年
- 获得Novares集团的股权融资250万欧元（约合300万美元），加速柔性屏在汽车业的布局

2019年
- FlexEnable宣布已与Novares建立合作关系，负责为Novares的新款概念车Nova Car#2提供无玻璃曲面有机LCD(OLCD)
- FlexEnable开发的超薄无边框OLCD
- FlexEnable收购默克公司用于柔性显示器的OTFT材料产品组合

2020年
- FlexEnable正式面向市场推出了OLCD显示技术

2022年
- FlexEnable融资1100万～2500万美元，推动柔性显示器和有源光学器件量产

数据来源：化信整理

图 5-17 FlexEnable 公司发展历程

公司开发出可在现有平板显示器生产线上运行并充分利用现有资产和供应链的工艺流程和解决方案。公司技术的应用范围包括用于消费电子产品和汽车内饰的柔性显示器、柔性传感器和光学器件等。

5.2.2　公司相关产品信息

FlexEnable 公司提供的技术是基于公司的 FlexiOM™ 品牌丰富有机碳基材

料产品组合。公司提供有机薄膜晶体管（OTFT）材料以及经过工业验证的完整制造过程，可以在现有的 LCD 生产线中采用 OLCD 技术。

5.2.2.1 FlexiOM™ 材料

通过使用 FlexiOM™ 材料（图 5-18），FlexEnable 可使用轻巧的柔性碳基塑料取代传统大面积电子制造工艺中的硅或陶瓷材料。柔性塑料背板可支持有源矩阵显示器，并在弯曲时仍可正常用作显示器。OTFT 背板的厚度可低至 25μm，并且与非晶硅相比，OTFT 背板还具有更好的电稳定性和更高的电子迁移率。

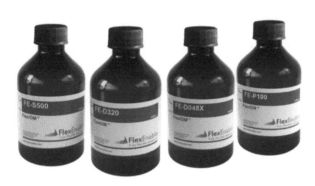

数据来源：公司官网

图 5-18　FlexEnable 公司 FlexiOM™ 材料

OTFTs 可在低于 100℃的温度下加工，允许使用成本更低的塑料基板，从而实现制造薄、轻、防碎和灵活的设备。另外，这些材料可以使用现有 LCD 生产线使用的标准技术和设备进行加工。

5.2.2.2 柔性 OLCD

FlexEnable 的无玻璃柔性有机 LCD 显示器（organic LCD，OLCD）是高亮度、长寿命的柔性显示器，具备成本低、可扩展到大尺寸、轻薄、防碎的特点。OLCD 具备与传统玻璃 LCD 相同的质量和性能，但是比玻璃 LCD 拥有更多优势，见表 5-7。

表 5-7　塑料 OLCD 与玻璃 LCD 对比

性能	a-Si 玻璃 LCD	OTFT 塑料 LCD（OLCD）	OLCD 优势
质量	$0.25g/cm^2$	$0.025g/cm^2$	轻 10 倍
厚度（无背光）	≈ 1.2mm	≈ 0.3mm	薄 4 倍
弯曲半径	> 1000mm	≈ 10mm	几乎可贴合在任何表面

性能	a-Si 玻璃 LCD	OTFT 塑料 LCD（OLCD）	OLCD 优势
自由形态	难	易	可轻易转化成不同的形态
移动性	$0.5cm^2/(V \cdot s)$	$1.5cm^2/(V \cdot s)$	比它所取代的非晶硅晶体管好 3 倍
漏电	$e^{-13}A/\mu m$	$< e^{-17}A/\mu m$	超 1000 倍的低泄漏，允许功率驱动模式和柔性设计

数据来源：公司官网

FlexEnable 的 OLCD 克服了厚度增加和缺乏真正的像素级局部调光的问题，该技术的柔性 OTFT 基板比玻璃薄 10 倍。其成果是获得了更好的光学性能和功率效率，并以更低的成本降低了制造的复杂性。

FlexEnable 的 OLCD 可应用到汽车、航空航天、移动设备、可穿戴设备等。

5.2.3 柔性电子材料全球专利申请及布局分析

本节利用 Orbit 全球专利分析数据库对 FlexEnable 公司在全球的专利申请及布局情况进行检索和分析，检索日期截止到 2022 年 11 月。

检索策略为：公司所有专利。

5.2.3.1 全球专利申请趋势分析

FlexEnable 公司在全球的专利共计 228 项，包含 1181 件专利。FlexEnable 是英国 Plastic Logic 公司为了量产柔性电子零部件在 2015 年拆分出来的企业。公司的专利也在 Plastic Logic 公司原有专利技术的基础上继续拓展。最早申请的专利是关于包括半导体聚合物材料的聚合物器件。从申请专利的数量（图 5-19）上看，FlexEnable 公司每年专利申请量不多，年均在 10 项左右。2019 年，FlexEnable 公司收购了默克公司用于柔性显示器的 OTFT 材料产品组合，包括涉及材料、工艺和设备的多项专利。

根据产品技术生命周期理论，一种产品或技术的生命周期通常由萌芽（产生）、迅速成长（发展）、稳定成长、成熟、瓶颈（衰退）几个阶段构成，我们基于专利申请量的年度趋势变化特征，进一步分析 FlexEnable 公司的技术发展各个阶段。为了保证分析的客观性，我们以 Logistic growth 模型算法为基础，以专利累计申请数量为纵轴，以申请年为横轴，通过模型计算，拟合出

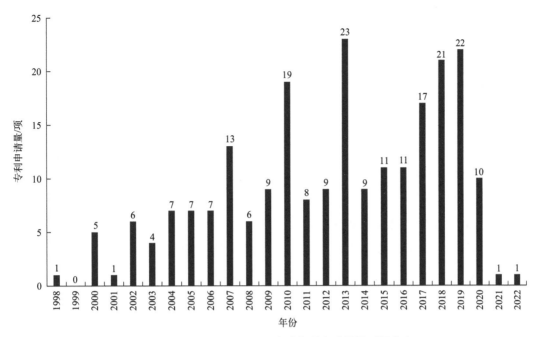

图 5-19　FlexEnable 公司全球专利申请量的时间分布

FlexEnable 公司技术的生命周期曲线，见图 5-20 和表 5-8。

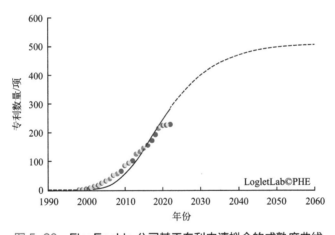

图 5-20　FlexEnable 公司基于专利申请拟合的成熟度曲线

表 5-8　FlexEnable 公司基于专利申请拟合的技术成熟度

拟合度 R^2	萌芽期	迅速成长期	稳定成长期	成熟期
0.993	1998（2015）—2010 年	2011—2017 年	2018—2029 年	2030—2038 年

　　通过数据拟合结果（表 5-8）可以看出，在 1998—2010 年期间，FlexEnable 公司在 Plastic Logic 公司原有专利技术的基础上继续拓展，处于技术的探索期

或萌芽期阶段。从专利的申请方向来看，前期专利主要集中在半导体器件、溶液加工、晶体管形成等。之后逐渐集中在电子设备、显示器设备等。因 Plastic Logic 公司是生产柔性电子墨水屏的先驱，这个阶段也有较多专利与电子文档阅读设备相关。

2011—2017 年期间，FlexEnable 公司处于技术的迅速成长期阶段。从专利的申请方向看，FlexEnable 的研究逐渐深入，专利更多集中在有机电子器件、有机半导体、共轭聚合物、多环聚合物、显示系统、晶体管装置、有机电子设备、薄膜晶体管等。

2018 年至今，FlexEnable 公司技术基本进入了平稳发展阶段，公司 OLCD 技术全面发展。专利开始集中在含有机半导体层的电极、晶体管阵列、弯曲显示器、柔性光电设备、液晶单元组件、液晶装置等。

5.2.3.2　全球专利布局分析

从 FlexEnable 公司在主要国家 / 地区的专利申请量分布（图 5-21）来看，美国、英国和中国是 FlexEnable 主要专利技术布局地区，这三个国家的专利申请量分别为 208 项、156 项和 151 项，约占总申请量的 72%、54% 和 52%。

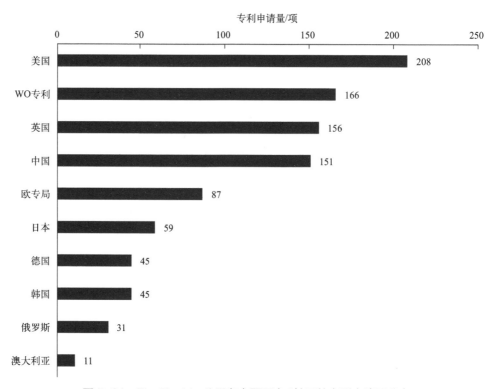

图 5-21　FlexEnable 公司在主要国家 / 地区的专利申请量分布

　　FlexEnable 公司除了战略聚焦在美国、英国市场之外，近年来，FlexEnable 公司也在积极布局中国市场。2017 年，公司与中国的显示器制造商签署了技术许可协议，开始在中国大批量生产成本低、可扩展的柔性有机液晶显示器（OLCD）。

5.2.3.3　全球专利法律状态分析

　　FlexEnable 公司在全球专利的法律状态分布情况（图 5-22）为：处于有效状态的专利 608 件，失效专利 573 件。在有效专利中申请中的专利为 220 件，已授权专利为 388 件。失效专利中放弃的专利有 452 件，主动撤销的专利有 60 件，过期不维护的专利有 61 件。

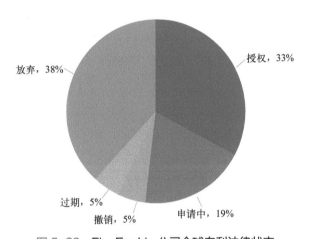

图 5-22　FlexEnable 公司全球专利法律状态

（1）有效专利分析

　　FlexEnable 公司处于有效状态的专利 608 件。从 FlexEnable 公司全球有效专利的区域分布情况（图 5-23）来看，中国、美国、英国是主要布局的地区。

　　在华有效专利有 151 件，按专利族合并为 131 项。对在华有效专利的有效年限进行划分，有效年限在 5 年以内的有 7 件，有效期在 5 ~ 10 年的有 9 件，有效期在 10 ~ 15 年的有 45 件，有效期在 15 年以上的有 90 件，可以看出 FlexEnable 公司的专利在中国市场的保护还将持续很长时间。

　　利用 Orbit 专利综合评价模块，对在华有效专利及技术方向进行梳理与评价，专利价值排名前二十的专利具体情况见表 5-9。

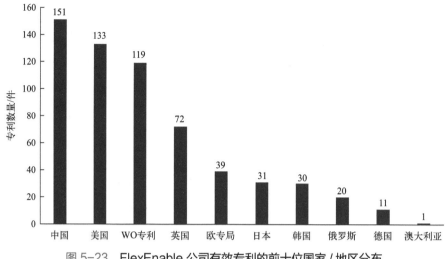

图 5-23　FlexEnable 公司有效专利的前十位国家 / 地区分布

（2）失效专利分析

通过对失效状态的专利作进一步的分析和统计，从 FlexEnable 公司全球失效专利的区域分布情况（图 5-24）来看，主要集中在英国、美国和中国地区。

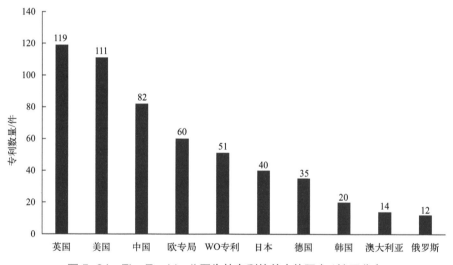

图 5-24　FlexEnable 公司失效专利的前十位国家 / 地区分布

研究国外领先企业过期专利，可以助力国内企业更方便地获取核心技术，打破技术壁垒，快速将领先企业的先进技术消化，并形成生产力。对领先企业刚刚过期或即将过期的专利进行及时全面地跟踪监测，对企业获取技术、发展技术意义重大。对 FlexEnable 公司过期的专利进行梳理，得到 61 件专利，按专利族合并为 7 项。该 7 项专利均曾在中国有所布局且目前已过期。

利用 Orbit 专利综合评价模块，对过期专利及技术方向进行梳理与评价，见表 5-10。

本征柔性电子学领域
发展态势报告

表 5-9　FlexEnable 公司在华专利价值前二十的有效专利（按专利族）

序号	技术方向	专利公开号	最早申请时间	专利价值	专利强度	专利影响力	市场覆盖面
1	有机半导体化合物	CN106164127	2015-03-17	5.86	5.18	5.58	2.23
2	基于四 - 杂芳基引达省并二噻吩的多环聚合物和它们的用途	CN106536528	2015-06-26	5.77	4.99	5.15	2.23
3	共轭聚合物	CN104245787	2013-04-02	5.35	5.41	5.22	2.54
4	噻二唑并吡啶聚合物、其合成及其用途	CN107636040	2016-04-27	5.26	4.24	2.63	2.51
5	环胺表面改性剂和包含这样的环胺表面改性剂的有机电子器件	CN106062982	2015-02-16	5.11	4.42	3.03	2.51
6	结合柔性印刷电路的方法	CN106852197	2014-04-28	5.07	4.4	4.59	1.95
7	有机半导体化合物	CN106103436	2015-02-12	4.95	4.35	4.62	1.9
8	有机电子器件中介电结构的表面改性方法	CN104641482	2013-08-06	4.93	4.84	3.91	2.54
9	基于四杂芳基引达省并二噻吩的多环聚合物及其用途	CN106459386	2015-05-08	4.92	4.19	2.42	2.54
10	载体释脱技术	CN109070537	2016-05-11	4.86	3.68	2.1	2.24
11	有机半导体配制剂	CN104685649	2013-09-05	4.71	4.69	3.57	2.54
12	组装曲状显示装置的方法	CN111051972	2017-09-06	4.64	3.74	3.81	1.69
13	组合物以及生产有机电子器件的方法	CN102906216	2011-04-28	4.28	5.37	5.83	2.3
14	有机电子 / 光电子器件	CN107925003	2015-06-29	4.19	3.34	1.16	2.3
15	含有双吖丙啶的有机电子组合物和其器件	CN108886096	2017-03-22	4.18	3.71	3.78	1.67

续表

序号	技术方向	专利公开号	最早申请时间	专利价值	专利强度	专利影响力	市场覆盖面
16	拼接显示器	CN105209967	2013-03-07	4.11	3.91	6.22	0.98
17	像素驱动电路	CN105960711	2013-12-03	4	3.7	3.2	1.87
18	不依赖状态矩阵的弱可观非pmu测点动态过程实时估计方法	CN101661069	2009-09-25	3.91	5.18	6.11	2.04
19	利用临时载体处理衬底	CN103026482	2010-06-04	3.84	4.62	4.97	1.99
20	有机介电层及有机电子器件	CN109196676	2017-05-15	3.71	3.08	2.03	1.78

注：专利价值、专利强度、专利影响力、市场覆盖面的定义同表5-3。

表5-10 FlexEnable公司过期专利清单（按专利族）

序号	技术方向	专利公开号	最早申请时间	专利强度	专利影响力	市场覆盖面
1	用于形成晶体管的方法	CN101106179	2000-06-21	6.67	9.04	2.22
2	半导体器件及其形成方法	CN100483774	2000-12-21	6.48	8.37	2.3
3	喷墨制作的集成电路	CN1003375310	2000-12-21	6.44	8.47	2.23
4	聚合物器件	CN1214465	1998-04-16	6.42	7.69	2.49
5	溶液加工	CN1245769	2000-12-21	6.38	8.14	2.3
6	形成互连	CN100379048	2000-12-21	5.95	7.38	2.22
7	器件的图案形成	CN1292496	2002-05-22	5.84	7.52	2.08

注：专利强度、专利影响力、市场覆盖面的定义同表5-3。

5.2.3.4 全球专利技术主题布局分析

为分析与研判 FlexEnable 公司的技术布局情况，我们利用 Orbit 全球专利分析工具，对当前 FlexEnable 公司的专利进行技术主题聚类分析，见图 5-25。

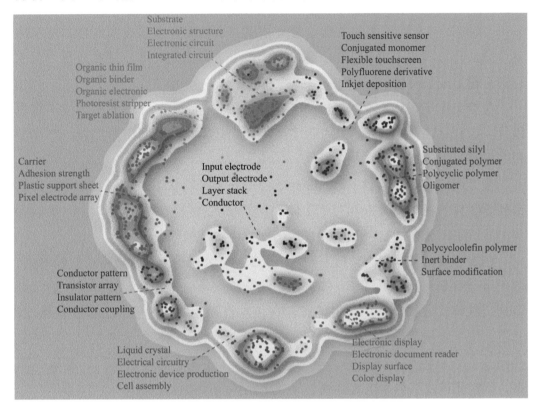

图 5-25 FlexEnable 公司基于专利的技术主题聚类分析

热点主题包括：

① 材料方面：共轭单体、取代甲硅烷基、共轭高分子、多环聚合物、低聚物、聚环烯烃聚合物、惰性黏合剂、载体、黏附强度、导体耦合、有机薄膜、有机黏合剂、有机电子、光刻胶剥离剂、基质、电子结构等。

② 装置器件方面：触控传感器、触摸屏、喷墨沉积、表面改性、电子显示、电子文件阅读器、显示面、彩色显示、液晶、电子设备生产、电池组装、导体图案、晶体管阵列、绝缘体图案、塑料支撑片、像素电极阵列、电子线路、集成电路等。

5.2.4 小结

英国 FlexEnable 公司是由从剑桥大学剥离出来的 Plastic Logic 公司于 2015

年成立的，是柔性有机电子产品开发和工业化的领导者。FlexEnable 公司基于其 FlexiOM™ 品牌丰富有机碳基材料产品组合，提供有机薄膜晶体管（OTFT）材料以及经过工业验证的完整制造过程。

FlexEnable 公司在全球的专利共计 228 项。FlexEnable 公司的专利在 Plastic Logic 公司原有专利技术的基础上继续拓展。从其公开专利数据拟合的技术成熟度曲线可以看出，FlexEnable 公司在柔性电子方面的技术已基本成熟，目前已进入稳定成长阶段。

在专利市场布局方面，美国、英国和中国是 FlexEnable 主要专利技术布局地区。近年来，FlexEnable 公司除了战略聚焦在美国、英国市场之外，也在积极布局开拓中国市场。

在专利法律状态方面，FlexEnable 公司处于有效状态的专利 608 件，失效专利 573 件。在华有效专利有 151 件，其中 90 件有效期在 15 年以上，可以看出 FlexEnable 公司的专利在中国市场的保护还将持续很长时间。

在专利技术主题聚类分析方面，FlexEnable 公司热点主题集中在共轭单体、取代甲硅烷基、共轭高分子、多环聚合物、低聚物、聚环烯烃聚合物、惰性黏合剂、载体、导体耦合、有机薄膜、有机黏合剂、有机电子、光刻胶剥离剂、基质、电子结构等材料方面，以及触控传感器、喷墨沉积、电子显示、电子文件阅读器、彩色显示、液晶、电池组装、导体图案、晶体管阵列、绝缘体图案、塑料支撑片、像素电极阵列、集成电路等装置器件方面。

参考文献

[1] European Commission. Advanced Technologies for Industry-Product Watch: Flexible and printed electronics. [EB/OL]. [2022-10-6]. https://monitor-industrial-ecosystems.ec.europa.eu/sites/default/files/2021-04/Flexible%20and%20printed%20electronics.pdf.

[2] European research project PolyApply. [EB/OL]. [2022-10-6]. https://cordis.europa.eu/article/id/96010-polyapply-associated-network-grows.

[3] European Union′s Horizon 2020 Research and Innovation programme.SmartEEs. [EB/OL]. [2022-10-6]. https://project.smartees.tech/smartees2-project/.

[4] Ami2030. The Materials 2030 roadmap. [EB/OL]. [2022-10-6]. https://www.ami2030.eu/roadmap/.

[5] Organic and Printed Electronics Association. [EB/OL]. [2022-10-6]. www.oe-a.org.

[6] Materials Genome Initiative Strategic Plan. [EB/OL]. [2022-10-6]. https://www.nist.gov/system/files/documents/2017/05/09/MGI-StrategicPlan-2014.pdf.

[7] NEXTFLX. [EB/OL]. [2022-10-6]. https://www.nextflex.us/.

[8] NextFlex Flexible Hybrid Electronics Manufacturing Roadmap Summary. [EB/OL]. [2023-2-6]. https://www.nextflex.us/wp-content/uploads/2023/04/NextFlex-FHE-Manufacturing-Roadmap-Summary-Public-2022-v-1.0-1.pdf.

[9] FlexTech Alliance. [EB/OL]. [2022-10-6]. https://www.semi.org/en/communities/flextech.

[10] The Japan Society of Applied Physics (JSAP). Organic Electronics: Main Map. [EB/OL]. [2022-10-6]. https://www.jsap.or.jp/docs/academicroadmap2013/JSAP_ARM-02_OrganicAndMolecularTechnology.pdf.

[11] 边洋爽，刘凯，郭云龙，等．功能性可拉伸有机电子器件的研究进展 [J]. 化学学报，2020, 78(9): 848-864.

[12] Precedence Research. Flexible Electronics Market Size to Hit USD 61 Bn by 2030. [EB/OL]. [2022-11-15]. https://www.precedenceresearch.com/flexible-electronics-market.

[13] Technavio. Flexible Electronics Market by Application, End-user and Geography-Forecast and Analysis 2023-2027. [EB/OL]. [2022-11-15]. https://www.technavio.com/report/flexible-electronics-market-industry-analysis.

[14] Precedence Research.(2022).Flexible Display Market Size, Trends, Growth, Report 2030. [EB/OL]. [2022-11-15]. https://www.globenewswire.com/news-release/2022/08/02/2490917/0/en/Flexible-Display-Market-Size-to-Worth-Around-USD-244-7-Bn-by-2030.html.

[15] Impactful Insights. Flexible Display Market: Global Industry Trends, Share, Size, Growth, Opportunity and Forecast 2022-2027. [EB/OL]. [2023-2-6]. https://www.imarcgroup.com/flexible-display-market.

[16] Omdia. OLED Display Market Tracker–Pivot–Forecast–3Q20. [EB/OL]. [2022-11-15]. https://omdia.tech.informa.com/om016234/oled-display-market-tracker--pivot--forecast--3q20.

[17] Precedence Research. Printed and Flexible Sensors Market Size US$ 12.8 Bn by 2027. [EB/OL]. [2022-11-15]. https://www.precedenceresearch.com/printed-and-flexible-sensors-market.

[18] Transparency Market Research. Flexible Printed Circuit Board Market）. [EB/OL]. [2022-11-15]. https://www.globenewswire.com/news-release/2022/06/16/2464132/0/en/Flexible-Printed-Circuit-Board-Market-is-estimated-to-Rise-at-a-CAGR-of-10-3-during-the-Forecast-Period-TMR-Study.html.

[19] 中商产业研究院 . 2022 年中国消费电子产业链上中下游市场分析 . [EB/OL]. [2022-11-15]. https://www.askci.com/news/chanye/20221008/1823091992932.shtml.

[20] Cinno Research. 全球手机面板调查 . [EB/OL]. [2022-11-15]. https://www.eet-china.com/mp/a128058.html.

[21] 中商产业研究院 . 2022 年中国 OLED 市场规模及竞争格局预测分析 . [EB/OL]. [2022-11-15]. https://www.askci.com/news/chanye/20221102/0841192005928.shtml.

[22] 亿渡数据 . 2022 年中国 PCB 行业研究报告 . [EB/OL]. [2022-11-15]. https://pdf.dfcfw.com/pdf/H3_AP202202171547551298_1.pdf?1645107969000.pdf.

[23] 李亚男 , 李攀 , 雷二庆 . 基于 SCI 论文和专利数据的单项技术成熟度评估方法 [J]. 中华医学图书情报杂志 , 2016, 25(03):13-17.